PHP 动态网站程序设计
案例教程

主　编　孙　坤　王　鑫
主　审　张　洋

北京理工大学出版社
BEIJING INSTITUTE OF TECHNOLOGY PRESS

内 容 提 要

本书以计算机语言的学习与认知过程为主线，采用模块化教学的思路编写，将全部内容分为PHP认知与环境搭建、PHP基础知识学习及应用、PHP数据处理、目录和文件操作、PHP页面交互、面向对象编程、运用PHP操作MySQL数据库和综合项目实战——教务公告管理系统8个单元。各单元通过"情景引入"引出教学核心内容，明确教学任务。每个单元中的任务具体分为任务描述、知识准备、任务实现3个环节。其中，任务描述简述任务目标，使学生能带着问题去学习，提升学生的学习兴趣；知识准备详细讲解知识点，通过设计一些浅显易懂的实例，让学生可以边学边做；任务实现通过综合应用所学知识，解决任务描述中提出的问题，提高学生对知识的应用能力。每个单元最后设计有单元实训，是在各任务实施的基础上通过"学、仿、做"达到理论与实践统一，进一步提升学生的实践能力和知识综合应用能力。

本书可作为计算机类相关专业PHP基础课程的教学用书和教学参考书，也可作为相关从业人员的自学用书。

图书在版编目（CIP）数据

PHP动态网站程序设计案例教程／孙坤，王鑫主编
.--北京：北京理工大学出版社，2022.10
　　ISBN 978-7-5763-1785-5

　　Ⅰ.①P… Ⅱ.①孙… ②王… Ⅲ.①PHP语言－程序
设计－案例－教材　Ⅳ.①TP312.8

中国版本图书馆CIP数据核字（2022）第195517号

出版发行／北京理工大学出版社有限责任公司
社　　　址／北京市海淀区中关村南大街5号
邮　　　编／100081
电　　　话／（010）68914775（总编室）
　　　　　　（010）82562903（教材售后服务热线）
　　　　　　（010）68944723（其他图书服务热线）
网　　　址／http://www.bitpress.com.cn
经　　　销／全国各地新华书店
印　　　刷／河北鑫彩博图印刷有限公司
开　　　本／787毫米×1092毫米　1/16
印　　　张／18　　　　　　　　　　　　　　　　　　责任编辑／钟　博
字　　　数／395千字　　　　　　　　　　　　　　　　文案编辑／钟　博
版　　　次／2022年10月第1版　2022年10月第1次印刷　　责任校对／周瑞红
定　　　价／75.00元　　　　　　　　　　　　　　　　责任印制／王美丽

随着移动互联网的兴起，我国互联网行业进入高速发展的阶段。PHP 是一种开源、免费、跨平台、运行在服务器端的程序开发语言，主要应用于 Web 应用开发领域，具有程序运行效率高、速度快、易学习、好上手等特点，满足了交互式网络开发应用要求，正在成为网络应用的主流。

教育部于 2019 年 6 月 18 日公布了首批"1+X 证书"制度试点院校名单，首批试点职业技能领域中包含了 Web 前端认证，并提供了 Web 前端认证的详细标准与知识点，PHP 成为 Web 前端中级证书考试的主要考核内容。编者所在学校成为首批"1+X 证书"中 Web 前端证书的试点院校。

本书主编具有多年的程序设计与开发经验和 PHP 课程教学经验，于 2018 年开始创建《动态网站程序设计（PHP）》校级精品在线开放课程，并于 2022 年 3 月获批为辽宁省省级精品在线开放课程。作为潜心教学改革与创新的高校教师，编者一直致力于将自己的教学经验通过图书的形式呈现给读者，同时作为所建精品课程的配套教材，通过最通俗易懂的语言与实例帮助大家学好 PHP。

本书按模块化教学思路，将教学内容分为 8 个教学单元：PHP 认知与环境搭建、PHP 基础知识学习及应用、PHP 数据处理、目录和文件操作、PHP 页面交互、面向对象编程、运用 PHP 操作 MySQL 数据库和综合项目实战——教务公告管理系统。

单元 1 PHP 认知与环境搭建主要讲解 PHP 的发展历史、开发环境的搭建、站点创建等。

单元 2 PHP 基础知识学习及应用是 PHP 中基础知识部分，主要讲解 PHP 语法风格、数据类型、常量和变量、运算符、流程控制语句、函数等，为后续学习打下坚实的知识基础。

单元 3 PHP 数据处理主要讲解 PHP 中数组应用、字符串应用、输入信息的正则检验、日期与时间函数应用等，其中数组与字符串的使用是 PHP 中非常重要的知识点。

单元 4 目录和文件操作主要讲解 PHP 中对目录的读取、文件的读写、文件的上传下载等知识，通过头像上传等小案例的实现逐步培养学习者的信心与学习能力。

单元 5 PHP 页面交互主要讲解 PHP 中页面跳转、多页面间信息传递、验证码检验等。这些是进行多网页设计的重要内容。

单元 6 面向对象编程主要讲解面向对象编程思想和特点、PHP 中类和对象的创建和使用、面向对象的继承、重载、类的抽象与接口技术等内容，通过一系列生动有趣的案例，培养学习者用面向对象思想解决问题的能力与习惯。

单元 7 运用 PHP 操作 MySQL 数据库主要讲解 PHP 连接 MySQL 数据库、PHP 操作 MySQL，尤其是对结果集的处理等，培养学习者熟练应用 PHP 中的相关库函数实现对 MySQL 数据库的操作。

单元 8 综合项目实战——教务公告管理系统，通过一个综合项目的设计与实现，培养学习者对本书内容的综合应用能力及实践动手能力。

本书主要特点如下。

1. 任务引导

本书在每个单元的设计中，首先通过"情景引入"引出该单元所要学习的主要内容，然后提出各个"任务描述"，让学生带着问题去思考和学习。在进行"知识准备"部分详细的知识讲解后，带领学习者进行"任务实现"。

2. 注重实践

本书以实践为主线，设计了大量浅显易懂的案例，每个单元都设计了单元实训，均给出详尽的操作步骤和代码，学习者会有良好的实践体验。

3. 立体化的数字教学资源

依托省级精品在线开放课程建设，本书提供了大量配套的数字教学资源，主要内容：课程基本信息，包括课程简介、课程标准、整体设计、单元设计、考核方式等；教学内容的全程视频教学资源，既方便课内教学，又方便学生课外预习与学习；课程拓展资源；章节测验、案例、素材资源等。

4. 书证融通

本书以"1+X Web 前端开发职业技能等级标准"为依据，详细分析 Web 前端开发认证中对 PHP 程序设计的具体要求，对标工业和信息化部教育与考试中心提供的"Web 前端开发职业技能等级标准"中 PHP 部分的基础知识点。

本书由辽宁建筑职业学院孙坤、王鑫主编，其中，王鑫编写单元 1、2、4、5，孙坤编写单元 3、6、7、8 并负责总体设计与统稿；本书在编写过程中得到了大连中软卓越信息技术有限公司相关技术人员的鼎立支持，并由该公司的张洋负责主审，是校企合作的产物。

由于作者水平有限，书中疏漏之处在所难免，恳请广大读者提出宝贵意见，以便改正和修订。

编 者

目录

单元 1
PHP 认知与环境搭建

学习目标

【知识目标】

1. 了解动态网站开发技术。
2. 掌握使用集成工具进行 PHP 环境的搭建。
3. 掌握三种配置文件的重要参数设置，能够进行 Apache、MySQL、PHP 环境配置。
4. 掌握动态站点的搭建。

【能力目标】

1. 能正确区分静态网页和动态网页。
2. 能使用集成工具完成 PHP 环境的搭建。
3. 能进行 Apache、MySQL、PHP 的正确配置。
4. 能够顺利完成动态站点的搭建，并测试首个 PHP 网页。

【素养目标】

1. 了解 IT 行业发展前景和岗位需求，增强职业认同感，努力学习，树立职业理想和职业精神。
2. 结合 phpStudy 开发团队的案例，学习他们精益求精的工匠精神，树立正确的职业观和技能观。
3. 通过测试服务器的学习，了解网站开发人员的职责，培养爱岗敬业、履职尽责的优秀品质。

知识要点

1. WWW 工作原理。
2. PHP 语法特点。
3. PHP 开发环境搭建。
4. 创建 PHP 站点。

小王是一名计算机专业的大二学生，一直对网站开发有着浓厚的兴趣，希望将来能够成为一名网站开发工程师，从事网站后台开发工作。经过多方了解，小王将 PHP 动态网站程序设计定位为自己的学习目标。

通过一年多的专业学习，小王深知，学习一门语言技术，首先一定要对这门语言的特点有所了解，然后要有合适的开发环境和编辑工具，这些是做设计的基础。为此，小王决定从对 PHP 的认知及 PHP 开发环境的搭建开始学起。

任务 1.1   了解动态网站开发技术

任务描述

网站开发对企业来说很重要，拥有一个成熟的网站，就相当于有了一个专属的交易平台。企业能通过这个平台宣传自己、吸引更多流量、提高转化率，有助于后续的流量变现。开发优质网站，离不开专业的网站开发技术支持。了解一些网站开发技术，能帮助你了解网站建设，设计优质网站，网站开发效率也会提高很多。

对于大家选择的网站开发技术，市场认可度和发展前景如何呢？接下来将对本任务所涉及的网站开发技术进行详细讲解。

知识准备

1.1.1　WWW 的工作原理

WWW（World Wide Web，万维网）是存储在 Internet 计算机中、数量巨大的文档的集合。这些文档称为页面，它是一种超文本（Hypertext）信息，可以用于描述超媒体。文本、图形、视频、音频等多媒体，称为超媒体（Hypermedia）。Web 上的信息是由彼此关联的文档组成的，而使其连接在一起的是超链接（Hyperlink）。

WWW 主要分为两个部分：服务器端（Server）和客户端（Client）。服务器端是信息的提供者，就是存放网页供用户浏览的网站，也称为 Web 服务器。客户端是信息的接收者，通过网络浏览网页的用户或计算机的总称，浏览网页的程序称为浏览器（Browser）。

WWW 服务的系统结构采用客户机 / 服务器模式。客户机由 TCP/IP 协议加上 Web 浏览器组成，WWW 服务器由 HTTP 协议加后台数据库组成，WWW 中的所有信息都以页面的形式储存于 WWW 服务器。客户机的浏览器和服务器用 TCP/IP 协议族的 HTTP 协议建立连接。当用户查询信息时，通过 WWW 客户端程序（浏览器），输入一个 URL，向 WWW 服务器发出请求，WWW 服务器根据客户端请求的内容，将保存在服务器中的相应页面通过 Internet 发给客户端，客户端的浏览器接收到页面后对页面进行解释，最终将图文并茂的画面呈现给用户。另外，还可以通过页面中的链接，访问其他服务器和其他类型的信息资源。

1.1.2　静态网页和动态网页

网页是网站的基本信息单位，是 WWW 的基本文档。它由文字、图片、动画、声音等多种媒体信息以及链接组成，是用 HTML 编写的，通过链接实现与其他网页或网站的关联和跳转。

网页可分为静态网页与动态网页。

1. 静态网页

静态网页是标准的 HTML 文件，通过 GET 请求方法可以直接获取，文件的扩展名是 .html、.htm 等，网页中可以包含文本、图像、声音、FLASH 动画、客户端脚本和其他插件程序等。静态网页是网站建设的基础，它并不是静止不动的，网页中可以出现各种动态的效果，如 GIF 动画、FLASH 动画、滚动字幕等。静态网页是相对于动态网页而言，是指没有后台数据库、不含程序和不可交互的网页。静态网页相对更新起来比较麻烦，适用一般更新较少的展示型网站。

静态网页服务的实现首先需要用户在浏览器的地址栏输入要访问网站的 URL 地址。浏览器根据域名的 IP 地址向 Web 服务器发出浏览请求。Web 服务器接收请求后，根据请求文件的后缀名判定是否为 HTML 文件。Web 服务器从服务器硬盘的指定位置或内存中读取正确的 HTML 文件，然后将它发送给客户端浏览器。浏览器解析这些 HTML 代码后将它显示出来。静态网页工作原理如图 1-1 所示。

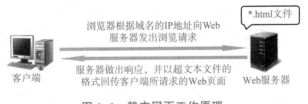

图 1-1　静态网页工作原理

静态网页工作原理

2. 动态网页

动态网页指的是采用了动态网页技术的页面，如 ASP（一种创建动态交互式网页并建立强大的 Web 应用程序）、JSP（Java 语言创建动态网页的技术标准）、PHP（超文本预处理器，在服务器端执行的脚本语言）等技术，与服务器进行少量的数据交换，从而实现了网页的异步加载。它不需要重新加载整个页面内容，就可以实现网页的局部更新。用户在客户端浏览器的地址栏输入要访问网站的 URL 地址。

动态网页服务的实现首先是浏览器根据域名的 IP 地址向 Web 服务器发出浏览请

求。服务器端接收请求后，在硬盘指定的位置或内存中读取动态网页文件。执行网页文件的程序代码，涉及数据库访问时，向数据库提出访问请求，进行数据库操作后，将结果返回。动态程序执行完成以后的结果是标准的静态页面，返回结果后，Web 服务器会将生成的静态页面代码发送给客户端浏览器。浏览器解析这些 HTML 代码并将它显示出来。具体动态网页工作原理如图 1-2 所示。

动态网页工作原理

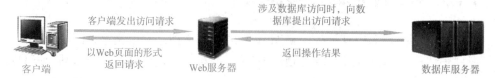

图 1-2　动态网页工作原理

3. 动态网页和静态网页的区别

（1）访问特点。静态网页的每个网页都有一个固定的 URL，且网页 URL 以 .htm、.html 等常见形式为后缀，且不含有 "?"，可以直接双击打开，因此容易被搜索引擎检索。

动态网页中的 "?" 对搜索引擎检索存在一定的影响，搜索引擎一般不可能从一个网站的数据库中访问全部网页，或者出于技术方面的考虑，搜索引擎不会去抓取网址中 "?" 后面的内容，因此采用动态网页的网站在进行搜索引擎推广时需要做一定的技术处理才能适应搜索引擎的要求。

（2）交互性。静态网页的每个网页都是一个独立的文件，由于很多内容都是固定的，在功能方面有很大的限制，所以交互性较差。

动态网页会根据用户的要求和选择而动态地改变和响应，浏览器作为客户端，成为一个动态交流的桥梁。采用动态网页技术的网站可以实现更多的功能，如用户注册、用户登录、在线调查、用户管理、订单管理等。

（3）响应速度。静态网页内容相对固定，容易被搜索引擎检索，且不需要连接数据库，因此响应速度较快。

动态网页实际上并不是独立存在于服务器上的网页文件，只有当用户请求时服务器才返回一个完整的网页，其中涉及数据的连接访问和查询等一系列过程，所以响应速度相对较慢。

（4）更新和维护。静态网页内容一经发布到网站服务器上，无论是否有用户访问，这些网页内容都是保存在网站服务器上的。如果要修改网页的内容，就必须修改其源代码，然后重新上传到服务器。静态网页没有数据库的支持，当网站信息量很大的时候网页的制作和维护都很困难。

动态网页可以根据不同的用户请求、时间或者环境的需求动态地生成不同的网页内容，并且动态网页一般以数据库技术为基础，可以大大降低网站维护的工作量。

1.1.3　服务器端的动态网页技术

服务器端动态技术需要与客户端共同参与，客户通过浏览器发出页面请求后，服务器根据 URL 携带的参数运行服务器端程序，产生的结果页面再返回客户端。一般涉及数据库操作的网页（如注册、登录和查询等）都需要服务器端动态技术程序。动态网页比较注重交互性，即网页会根据客户的要求和选择而动态改变和响应，将浏览器作为客户端界面，这将是今后 Web 发展的趋势。动态网站上主要是一些页面布局，网页的内容大多存储在数据库中，并可以利用一定的技术使动态网页内容生成静态网页内容，方便网站的优化。

典型的服务器动态技术有 CGI、ASP、JSP、PHP 等。

1. CGI

在早期，动态网页技术主要采用 CGI 技术，即 Common Gateway Interface（公用网关接口）。可以使用不同的程序编写合适的 CGI 程序，如 Visual Basic、Delphi 或 C/C++ 等。虽然 CGI 技术成熟而且功能强大，但由于编程困难，效率低下，修改复杂等缺陷，所以有逐渐被新技术取代的趋势。

用户将已经写好的程序放在 Web 服务器的计算机上运行，再将其运行结果通过 Web 服务器传输到客户端的浏览器。通过 CGI 建立 Web 页面与脚本程序之间的联系，并且可以利用脚本程序来处理访问者输入的信息并做出响应。事实上，这样的编制方式比较困难而且效率低下，因为每一次修改程序都必须重新将 CGI 程序编译成可执行文件。

最常用于编写 CGI 技术的语言是 Perl（Practical Extraction and Report Language，文字分析报告语言），它具有强大的字符串处理能力，特别适合分隔处理客户端（Form）提交的数据串，用它来编写的程序后缀为 .pl。

2. ASP

ASP 即 Active Server Pages，是 Microsoft 公司开发的服务器端脚本环境，可用来创建动态交互式网页并建立强大的 Web 应用程序。当服务器收到对 ASP 文件的请求时，它会处理包含在用于构建发送给浏览器的 HTML（Hyper Text Markup Language，超文本脚本语言）网页文件中的服务器端脚本代码。除服务器端脚本代码外，ASP 文件也可以包含文本、HTML（包括相关的客户端脚本）和 COM 组件调用。ASP 简单、易于维护，是小型页面应用程序的选择，在使用 DCOM（Distributed Component Object Model）和 MTS（Microsoft Transaction Server）的情况下，ASP 甚至可以实现中等规模的企业应用程序。

3. JSP

JSP（Java Service Page，Java 服务页面）是由 SUN 公司（已被 Oracle 公司收购）所倡导，众多公司参与，一起建立的一种动态网页技术标准。JSP 是基于 Java 技术的动态网页解决方案，具有良好的可伸缩性，并且与 Java Enterprise API 紧密结合，在网络数据库应用开发方面有得天独厚的优势。

JSP 页面由 HTML 代码和嵌入其中的 Java 代码所组成。Java Servlet 是 JSP 的技术基础，而且大型的 Web 应用程序的开发需要 Java Servlet 和 JSP 配合才能完成。JSP 具备了 Java 技术的简单易用，完全面向对象，具有平台无关性且安全可靠，主要面向

Internet 的所有特点。

4. PHP

PHP（Hypertext Preprocessor）是一种 HTML 内嵌式的语言 [类似互联网信息服务（IIS）上的 ASP]。而 PHP 独特的语法混合了 C 语言、Java、Perl 以及 PHP 式的新语法。它可以比 CGI 或者 Perl 更快速地执行动态网页。PHP 是一种服务器端的 HTML 脚本 / 编程语言，语法上与 C 语言相似，可运行在 Apache、Netscape/iPlanet 和 Microsoft IIS Web 等服务器上。

PHP 能够支持诸多数据库，如 MS SQL Server、MySQL、Sybase、Oracle 等。它与 HTML 语言具有非常好的兼容性，使用者可以直接在脚本代码中加入 HTML 标签，或者在 HTML 标签中加入脚本代码从而更好地实现页面控制。PHP 提供了标准的数据库接口，数据库连接方便，兼容性强，扩展性强，可以进行面向对象编程。

目前，迎合互联网发展趋势，PHP 作为一种非常优秀的、简便的 Web 开发语言，不仅降低使用成本，还大大提升了开发速度，满足最新的互动式网络开发的应用，这使得 PHP 工程师成为一个发展迅速的职业，全球 5 000 万互联网企业网站中，有 60% 以上使用着 PHP 技术，80% 的网站使用 PHP 开发，未来 5 年对 PHP 的人次需求将达到 80 万，人才缺口高达 50 万。学习 PHP 技术是今后从事 IT 行业不错的选择。

任务 1.2　了解 PHP

◎ 任务描述

PHP 是如何发展到今天的？作为一个优秀的服务器端脚本语言，它有哪些特点呢？让我们走进 PHP。

◎ 知识准备

PHP 即"超文本预处理器"，是在服务器端执行且广泛使用的通用开源脚本语言，适合 Web 网站开发，它可以嵌入 HTML。

1.2.1　PHP 发展史

PHP 到现在为止已经诞生 20 多年，在这期间它经过不断改善，已经成为 Web 开发最重要的语言之一。PHP 能有今天这样的成就，它的三位创始人功不可没（图 1-3）。

拉斯穆斯·勒德尔夫（Rasmus Lerdorf）出生于 1968 年 9 月，

PHP 发展史介绍

毕业于加拿大滑铁卢大学计算机科学专业，被称为 PHP 之父。

泽夫·苏拉斯基（Zeev Suraski）是 Zend 公司创始人，毕业于以色列理工学院，是 PHP 语言的核心缔造者。

| 01.Rasmus Lerdorf | 02.Zeev Suraski | 03.Andi Gutmans |

图 1-3　PHP 的三位创始人

安迪·古特曼斯（Andi Gutmans）是一位瑞士籍犹太人，是原亚马逊网络服务公司的总经理。他毕业于以色列海法理工学院。

1. 1995 年年初 PHP 1.0 发布

PHP 最初是由丹麦的拉斯穆斯·勒德尔夫创建的，刚开始它只是一个简单的、用 Perl 语言编写的程序，用来跟踪访问者的信息。这个时候的 PHP 只是一个小工具，它的名字叫作"Personal Home Page Tool"（个人主页工具）。

2. 1995 年 6 月 PHP 2.0 发布

拉斯穆斯·勒德尔夫用 C 语言重新开发了这个工具，取代了最初的 Perl 程序。这个新的用 C 语言写的工具最大的特色就是可以访问数据库，可以让用户简单地开发动态 Web 程序。这个用 C 语言写的工具又称为 PHP/FI。它已经有了今天 PHP 的一些基本功能。

3. 1998 年 6 月 PHP 3.0 诞生

1997 年，PHP 开始了第 3 版的开发计划，开发小组加入了泽夫·苏拉斯基及安迪·古特曼斯，而第 3 版就定名为 PHP 3.0。虽然说 1998 年 6 月才正式发布 PHP 3.0，但是在正式发布之前，已经经过了 9 个月的公开测试。

安迪·古特曼斯和泽夫·苏拉斯基加入 PHP 开发项目组。这是两个以色列工程师，他们在使用 PHP/FI 的时候发现了 PHP 的一些缺点，然后决定重写 PHP 的解析器。这个时候，PHP 就不再称为 Personal Home Page，而改称为 PHP: Hypertext Preprocessor。

PHP 3.0 是最像现在使用的 PHP 的第一个版本，这个重写的解析器也是后来 Zend 的雏形。PHP 3.0 最强大的功能就是它的可扩展性。它除提供给第三方开发者数据库、协议和 API 的基础结构之外，还吸引了大量的开发人员加入并提交新的模块。

4. 2000 年 5 月 PHP 4.0 发布

安迪·古特曼斯和泽夫·苏拉斯基在 PHP 4.0 中做得最大的动作就是重写了 PHP 的代码，该版本将语言和 Web 服务器之间的层次抽象化，并且加入线程安全机制，加入更先进的两阶段解析与执行标签解析系统。这个新的解析程序依然由泽夫·苏拉斯基和安迪·古特曼斯编写，并且被命名为 Zend 引擎。

使用 Zend 引擎，PHP 除获得更高的性能之外，也有其他一些关键的功能，包括支持更多的 Web 服务器、HTTP Session 的支持、输出缓存等。

5. 2004 年 7 月 PHP 5.0 发布

PHP 5.0 的核心是 Zend 引擎 2 代。它引入了新的对象模型和大量的新功能，一个全新的 PHP 时代到来。

6. 2013 年 6 月 PHP 5.5 发布

PHP 5.5 包含了大量的新功能和 bug 修复。开发者需要特别注意的是，该版本不再支持 Windows XP 和 Windows 2003 操作系统。

7. 2015 年 12 月 PHP 7.0 发布

PHP 7.0 使用 PHPNG 引擎，大幅提高了性能，引入了标量类型声明、返回值类型声明、匿名类等一些期待已久的新特性。

PHP 作为非常优秀的、简便的 Web 开发语言，和 Linux、Apache、MySQL 紧密结合，形成 LAMP 的开源黄金组合。与其他同类编程语言的比较中，PHP 具有开发速度快、运行效率高、安全性好、可扩展性强、开源自由等特点。

它不仅降低了使用成本，还提升了开发速度，满足最新的互动式网络开发的应用。

8. 2020 年 11 月 PHP 8.0 正式版发布

PHP 8.0 引入了 JIT 编译器特性，通过 JIT 在综合基准测试中性能提高到了 2.94。同时加入多种新的语言功能，如命名参数、联合类型、注解、Constructor Property Promotion、match 表达式、nullsafe 运算符，以及对类型系统、错误处理和一致性进行了改进。

回顾 PHP 20 多年来的发展过程、展望未来互联网行业的发展趋势，我们可以得出结论：PHP 的发展势头不可阻挡，必将成为未来 Web 开发领域的主流技术体系。

1.2.2　PHP 语言特点

PHP 作为一门 Web 开发语言，具有区别其他语言的诸多特点。它的主要特点如下。

1. 开放源代码

PHP 属于自由软件，是完全免费的，用户可以从 PHP 官方站点（http://www.php. net）自由下载，而且可以不受限制地获得源码，甚至可以从中加进自己需要的特色。

2. 跨平台

每个平台都有对应的 PHP 解释器版本，指针对不同平台均编译出目标平台的二进制码（PHP 解释器），PHP 开发的程序可以不经修改运行在 Windows、Linux、UNIX 等主流的操作系统上。

3. 基于服务器端

PHP 支持大多数的 Web 服务器，包括 Apache、IIS、iPlanet、Personal Web Server（PWS）、Oreilly WebSite Pro Server 等。对于大多数服务器，PHP 均提供了一个相应模块。运行时，服务器除了承担脚本解释负荷外，无须承担其他额外操作。

4. 数据库支持

PHP 能够支持目前绝大多数的数据库，如 DB2、dBase、MySQL、Microsoft SQL Server、Sybase、Oracle、Postgre SQL 等，并完全支持 ODBC，即 Open Database Connection Standard（开放数据库连接标准），因此可以连接任何支持该标准的数据库。其中，PHP 与 MySQL 是绝佳的组合，它们的组合可以跨平台运行。

5. 语法结构简单

PHP 大量结合了 C 语言的特征，同时又集成了当前流行的面向对象的编程理念。PHP 还提供数量巨大的系统函数集，用户只要调用一个函数就可以完成很复杂的功能，编写方便易懂。对于以前接触过 C 语言的用户来说，只需要了解 PHP 的基本语法，再掌握些 PHP 独有的函数，就可以轻松踏上 PHP 程序设计之旅。

6. 安全性高

作为 Web 开发语言，由于 PHP 本身的代码开放，全世界的人都可以对代码进行研究，进而尽可能多地发现存在的问题和错误，并及时修正。同时它与 Apache 编译在一起的方式也让它具有灵活的安全设定。因此到现在为止，PHP 具有公认的安全性。

7. 执行效率高

PHP 的内核是 C 语言，编写的基础好、效率高，可以用 C 语言开发高性能的扩展组件；PHP 的核心包含了数量超过 1 000 的内置函数，功能应有尽有，很全面，开箱即用，程序代码简洁；PHP 数组支持动态扩容，支持以数字、字符串或者混合键名的关联数组，能大幅度提高开发效率。

任务 1.3　PHP 开发环境搭建

◎ 任务描述

在开发 PHP 动态网站之前，需要先搭建运行环境并准备一些开发工具。"工欲善其事，必先利其器"，良好的运行环境和开发工具，能够极大地提高程序开发效率。本次任务需要读者在自己的本地计算机上配置 PHP 服务器。选择合适的 PHP（WAMP

或 LAMP 等）集成安装环境，快速安装并完成 PHP 服务器配置。

◎ **知识准备**

1.3.1　PHP 开发环境选择

PHP 开发环境涉及操作系统、Web 服务器和数据库。WAMP 是 PHP 开发的一种常用技术环境组合。所谓 WAMP 就是基于 Windows 操作系统、Apache 服务器、MySQL 数据库和 PHP 的运行环境，WAMP 的名字源于这些软件名称的第一个字母。

另外，还有一种 LAMP 的组合方式，就是基于 Linux、Apache、MySQL 和 PHP 的运行环境，该组合所有软件都是开源的，用户不花一分钱就能进行专业的 Web 开发，而且软件之间的兼容性也越来越高，这使 LAMP 得到迅速推广。

从性能和安全性上来讲，LAMP 优于 WAMP，不过考虑到大多初学者使用的是 Windows 操作系统，且 Windows 提供的程序开发工具软件也比 Linux 多，因此开发 PHP 应用程序时一般选择 Windows 操作系统作为开发环境。

1. Apache 服务器

Apache（Apache HTTP Server）是世界使用排名第一的 Web 服务器软件。它可以运行在绝大多数广泛使用的计算机平台上，由于其跨平台和安全性而被广泛使用，是最流行的 Web 服务器端软件之一。它快速、可靠并且可通过简单的 API 扩充，将 Perl/Python 等解释器编译到服务器中。

Apache 是一款开放源码的 Web 服务器，其平台无关性使得 Apache 服务器可以在任何操作系统上运行，包括 Windows。Apache 强大的安全性和其他优势，使得 Apache 服务器即使运行在 Windows 操作系统上也可以与 IIS 服务器媲美，甚至在某些功能上远远超过 IIS 服务器。

（1）安装简单。Apache 服务器给用户提供已经预编译好的可执行文件或没有编译的源文件。预编译好的可执行文件包含了服务器的基本功能，用户直接执行即可；如果用户对服务器的功能有特殊设置，可以自己修改编译配置文件（Configuration）以控制编译时要包含的源文件模块，生成满足自己需要的可执行程序。

Apache 服务器在安装时提供了良好的图形用户界面（GUI），使得用户安装起来非常方便。当然，用户也可以使用命令行的模式来安装 Apache 服务器。

（2）配置简单。Apache 服务器在启动或重新启动时，将读取三个配置文件（srm.conf、access.conf 和 http.conf）来控制它的工作方式，这三个文件是缺省安装的，用户只需在这三个文件中添加或删除相应的控制指令即可。

在 X-Window 下也提供了许多图形化的界面，用户完全可以不直接修改这三个文件，只要通过一些设置，系统就会自动修改配置文件，因此很容易完成 Apache 服务器的配置。

（3）服务器功能扩展或裁剪方便。Apache 服务器的源代码完全公开，用户可以通过阅读和修改源代码来改变服务器的功能，这要求用户对服务器功能和网络编程有较深的了解，否则所做的修改很有可能使服务器无法正常工作。

此外，Apache 还使用了标准模块的组织方式，用户可以开发某个方面的软件包，并以模块的形式添加在 Apache 服务器中。

2. MySQL 数据库

MySQL 是一个关系型数据库管理系统，由瑞典 MySQL AB 公司开发，属于 Oracle 旗下产品。它是最流行的关系型数据库管理系统之一，在 Web 应用方面，MySQL 是最好的 RDBMS（关系数据库管理系统）应用软件之一。

MySQL 是一款安全、跨平台、高效的，并与 PHP、Java 等主流编程语言紧密结合的数据库系统。由于其具有体积小、速度快、总体成本低等优点，目前被广泛应用于 Internet 的中小型网站中。除了具有许多其他数据库所不具备的功能外，MySQL 数据库还是一款完全免费的产品，用户可以直接通过网络下载 MySQL 数据库，而不必支付任何费用。

由于 MySQL 源代码的开放性和稳定性，并且可与 PHP 完美结合，很多站点使用它们进行 Web 开发。Web 系统的开发基本上是离不开数据库的，因为任何东西都要存放在数据库中。所谓的动态网站就是基于数据库开发的系统，最重要的就是数据管理，或者说在开发时都是在围绕数据库写程序，所以作为一个 Web 程序员，只有先掌握一门数据库，才可能去进行软件开发。

3. PHP 脚本语言

PHP 是一种用来制作动态网页的服务器端脚本语言。通过 PHP 和 HTML 创建的页面，当访问者打开网页时，服务器端便会处理 PHP 指令，然后把其处理结果送到访问者的浏览器上面，就好像 ASP 或者是 ColdFusion 一样。然而，PHP 跟 ASP 或 ColdFusion 不一样的地方在于，它是跨平台的开放源代码。PHP 可以在 Windows NT 以及很多不同的 UNIX 版本中执行，它也可以被编译为一个 Apache 模块，或者是一个 CGI 二进制文件。当被编译为 Apache 模块时，PHP 尤其轻巧方便。它没有任何烦琐程序所产生的负担，因此可以很快地返回结果，同时也不需为了保持较小的服务器内存映像，而去调整 mod_perl。

除了能够用来产生网页的内容之外，PHP 也可以用来传送 HTTP 头。可以设定 Cookie，授权管理，并将使用者重新定向至新的页面，也能访问很多数据库及 ODBC。PHP 代码就嵌在 Web 页面中，因此不必为它建立一个特别的开发环境或 IDE，PHP 引擎会处理这些标志之间的任何东西。PHP 语言的语法跟 C 语言以及 Perl 很像。在使用前，无须声明变量。PHP 的初步面向对象特性还提供了组织及封装代码的简便方法。

4. 集成开发工具

为了构建 PHP 服务器，在服务器的选择上，可以选择免费开源的 Web 服务器 Apache 和数据库服务器 MySQL。对于初学者而言，Apache、MySQL 以及 PHP 预处理器的分别独立安装和配置较为复杂。因此，这里选择集成开发工具 phpStudy 2018 版本，快速安装配置 PHP 服务器。

phpStudy 是商丘芝麻开门网络科技有限公司旗下产品，是一个知名老牌的服务器集成环境工具。开发团队一直秉承免费、公益的理念，帮助广大网站开发人员方便、快速地搭建服务器环境，"让天下没有难配的服务器环境！"一直是他们响亮的口号。

2007 年第一个 phpStudy 版本诞生，靠着一份公益初心，不断完善、方便好用、功能齐全、公益免费，一点点口碑积累，使其成为首选集成环境。

在 2019 年，phpStudy 官方团队又推出了一系列重磅产品：phpStudy Linux 面板（小皮面板）和 phpStudy V8，全新重构，紧跟时代。

1.3.2 基于 phpStudy 搭建 PHP 开发环境

1. 下载 phpStudy 集成开发工具

PHP 有多种开发工具，既可以单独安装 Apache、MySQL 和 PHP 这三个软件并进行配置，也可以使用集成开发工具。与其他动态网站技术相比，PHP 的安装与配置相对比较复杂，这里介绍一款 PHP 集成

动态网站开发技术
及运行环境搭建

开发工具 phpStudy 2018。该程序包集成了 Apache ＋ PHP ＋ MySQL ＋ phpMyAdmin，一次性安装，可以完成复杂的开发环境配置，是非常方便、易用的 PHP 开发环境。

当然，安装完成后，还需要用户掌握一些常用的配置方法进一步完善开发环境。

该软件的官网下载地址是：https：//www.xp.cn/download.html，单击网页中相应版本的"下载"按钮即可，如图 1-4 所示。

图 1-4　软件的官网下载页

2. 安装 phpStudy 2018

在安装软件前，请确认本地计算机的操作系统版本，建议 Windows 10 操作系统安装 phpStudy 2018 版本，若为 Windows 10 以下版本，可选择 2014 版或其他版本。

安装 phpStudy 2018 的步骤如下。

（1）解压下载得到的压缩包 phpStudy 2018.zip，生成的文件是 phpStudy 2018.exe。

（2）双击 phpStudy 2018.exe，启动程序的安装。首先，打开的是"解压目标文件夹"对话框，如图 1-5 所示。系统默认的文件夹是"D:\phpStudy"，单击"是"按钮，开始解压缩文件到目标文件夹。

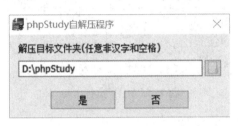

图 1-5　自解压程序

（3）解压完成后，单击系统启动主界面中的"启动"按钮，将 Apache 网站服务器和 MySQL 数据库服务器启动起来，如图 1-6 所示的窗口，至此程序安装完成。

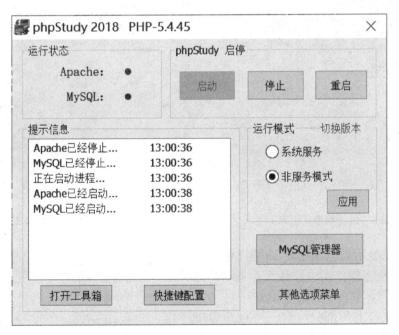

图 1-6　系统启动主界面

（4）在浏览器地址栏输入"http://127.0.0.1/phpinfo.php"或"http://localhost/phpinfo.php"，显示一些关于 PHP 运行环境的信息，表明 phpStudy 安装成功，如图 1-7 所示。

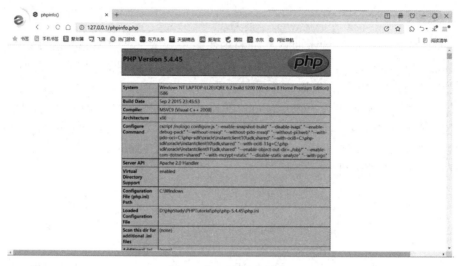

图 1-7　PHP 运行信息

3. phpStudy 2018 的功能介绍

（1）打开 phpStudy 主界面，在左上角，显示的是当前程序的状态，绿色代表的是运行正常，如图 1-8 所示，红色则代表异常或者停止状态，如图 1-9 所示。

图 1-8　运行状态（正常）

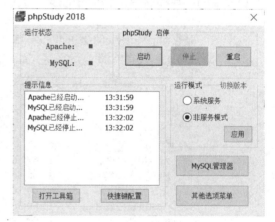

图 1-9　运行状态（异常或停止）

（2）在显示状态下显示的是提示信息，会显示出对该程序操作了一些什么，或者出现异常问题也会说明，如图 1-10 所示。

（3）在右上角部分，有三个按钮可以操作程序的启动和停止以及重启，另外，将鼠标光标放在按钮上单击鼠标右键，可以单独对 Apache 和 MySQL 进行启动、停止以及重启，使用起来非常方便，如图 1-11 所示。

（4）在右侧运行模式中有系统服务和非服务

提示信息	
Apache正在停止...	13:37:58
MySQL正在停止...	13:37:58
正在重启进程...	13:37:58
Apache已经启动...	13:38:05
MySQL已经启动...	13:38:05

图 1-10　显示提示信息

模式。选择"系统服务"选项，开机后，该程序将在后台自动运行，即若选用了"系统服务"模式，那么在下次开机时不需要打开 phpStudy 程序也能访问 Web 服务器中的网页；非服务模式反之，如图 1-12 所示。

图 1-11　启停按钮

　　在图 1-12 中可以看到，在运行模式后面有"切换版本"标签，当单击"php 版本"时会弹出 PHP 版本以及 Web 服务器组合选择面板，这样就可以选择自己所需要的组合了。

图 1-12　运行模式

　　（5）在主面板的最右下角有一个"MySQL 管理器"按钮和一个"其他选项菜单"按钮。单击"MySQL 管理器"按钮会出现如图 1-13 所示选项。

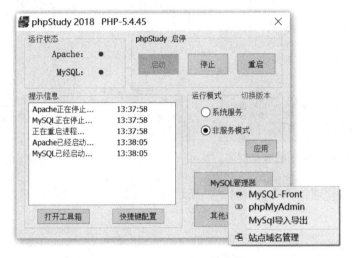

图 1-13　MySQL 管理器

　　1）MySQL-Front：是一个数据库管理工具，单击"MySQL-Front"选项，就可以进入，如图 1-14 所示。

图 1-14　MySQL-Front 数据库管理工具

2）phpMyAdmin：与 MySQL-Front 类似，也是一个数据库管理工具，但是 phpMyAdmin 可以实现远程管理；单击"phpMyAdmin"选项，进入 phpMyAdmin 登录页面，如图 1-15 所示。

3）MySQL 导入导出：单击此选项后，可以实现 MySQL 数据库的导入与导出，如图 1-16 所示。

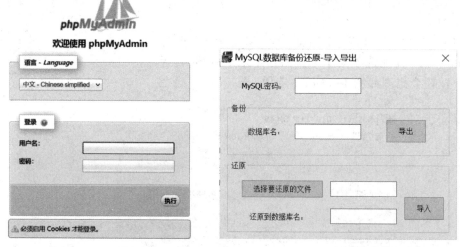

图 1-15　phpMyAdmin 登录页面　　　　图 1-16　MySQL 导入导出设置界面

4）站点域名管理：管理站点网站，新增网站或修改网站目录、端口等，如图 1-17 所示。

图 1-17　站点域名管理

（6）进入操作页面：双击桌面上的 phpStudy 图标，系统右下角托盘会出现一个图标，用鼠标右键单击图标，会弹出 phpStudy 管理菜单，或在系统启动主界面下，单击"其他选项菜单"按钮，也能弹出管理菜单，如图 1-18 所示。

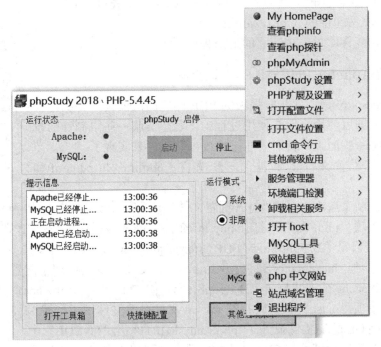

图 1-18　其他选项菜单

菜单的主要功能如下。

1）My HomePage：打开默认地址 http://localhost/ 与 http://127.0.0.1 相同。

2）查看 phpinfo：查看 phpinfo 显示 php 服务器的配置信息。

3）phpMyAdmin：这也是一个数据库管理器，与 MySQL 管理器按钮中的 phpMyAdmin 一样。

4）phpStudy 设置：设置默认端口、网站目录、默认文档及 PHP 和 MySQL 的一些设置，另外，此处还能修改 MySQL 密码。

5）PHP 扩展及设置：PHP 扩展、参数开关设置、参数值设置、Apache 模块设置等。

6）打开配置文件：打开 PHP（php.ini）、Apache（httpd.conf）、MySQL（mysql.ini）、vhosts.conf 一些配置文件。

7）cmd 命令行：能快速打开 cmd 命令行。

8）其他高级应用：Composer 是 PHP 5.0 以上的一个依赖管理工具；PEAR；fpt 下载页面等。

9）服务管理器：与主界面类似或在此控制 phpStudy 启停。

10）环境端口检测：当程序出现异常或端口冲突时使用。

11）卸载相关服务：此处可卸载相关服务。

12）打开 host：可快速打开 host 配置文件。

13）MySQL 工具：设置修改密码、快速创建数据库、打开命令行等。

14）网站根目录：可快速打开网站根目录。

15）php 中文网站：进入 phpStudy 官网。

16）站点域名管理：管理站点网站，新增网站或修改网站目录、端口等，与 MySQL 管理器按钮中的 phpMyAdmin 一样。

17）退出程序：单击按钮立即退出程序。

4. 配置 Apache+PHP+MySQL 运行环境

配置 APACHE+
PHP+MYSQL
运行环境

虽然 phpStudy 是一款非常强大的 PHP 环境调试工具，一次性安装，无须配置即可使用。但在使用过程中，若想实施一些限制性的设置或增加删除一些配置，就需要通过修改参数文件来实现了。

PHP 环境配置文件主要包含三个文件：php.ini、httpd.conf 和 my.ini。

在其他选项菜单中，单击"打开配置文件"菜单项，弹出如图 1-19 所示的子菜单。

单击菜单项"php-ini"将打开 php.ini 文件，该文件用于配置 PHP 脚本环境，位于 PHP 的安装目录"D :\phpStudy\PHPTutorial\php\php-5.4.45"中。

单击菜单项"httpd-conf"将打开 httpd.conf 文件，该文件用于配置 Apache 网站服务，位于 Apache 的安装目录"D :\phpStudy\PHPTutorial\Apache\conf"中。

单击菜单项"mysql-ini"将打开 my.ini 文件，该文件用于配置 MySQL 数据库服务，位于 MySQL 的安装目录"D :\phpStudy\PHPTutorial\MySQL"中。

若用户想快速找到上述三个文件的位置，也可以在其他选项菜单中，单击"打开文件位置"菜单项，弹出如图 1-20 所示的子菜单，便可很容易地找到。

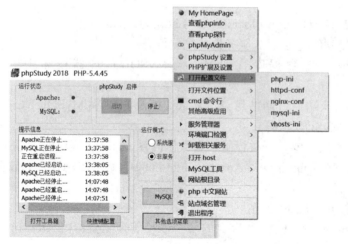

图 1-19 "打开配置文件"菜单项

图 1-20 打开文件位置"菜单项

（1）配置 PHP。PHP 的配置选项保存在 php.ini 配置文件中，它是 Web 服务器 PHP 环境的核心配置文件，控制着一些重要功能的启用与否，也是 PHP 脚本有效运行的保障。网站上传附件大小的控制、PHP 执行内存的设定，PHP 扩展和函数的开启和配置等，都可以在这个文件中进行设置。下面介绍几个常用的配置选项。

1）显示脚本调试错误。在动态网页的制作调试阶段，用户总是希望能及时地查看脚本运行后的出错信息，以便进一步修改错误，完善程序。用户可以通过设置 display_errors 环境变量实现这一功能。定位到 display_errors = Off 这行代码，将 Off 改为 On 即可（图 1-21）。参数设置如下：

display_errors = On

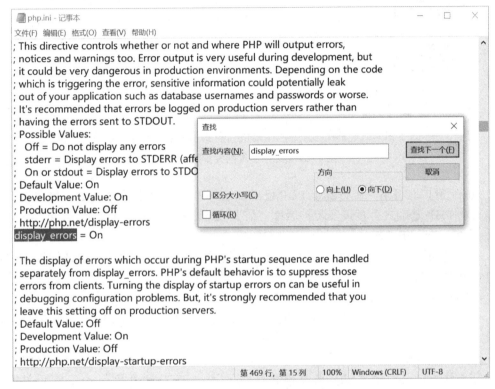

图 1-21 display_errors 环境变量设置

2）文件上传。有时，在 Web 服务器上，要限制提交文件的大小。需要在 php.ini 文件中设置如下参数（图 1-22）。

①是否允许通过 HTTP 上传文件的开关，默认为 On。

file_uploads=On

②文件上传至服务器上存储临时文件的地方，如果没指定就会用系统默认的临时文件夹。

upload_tmp_dir="C:\Windows\Temp"

③允许上传文件大小的最大值，默认为 2M。

upload_max_filesize=8M

④通过表单 POST 给 PHP 的所能接收的最大值，包括表单里的所有值。默认为 8M。

post_max_size=8M

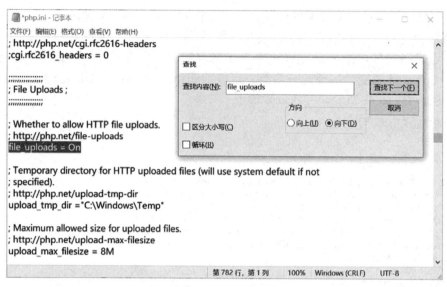

图 1-22　文件上传相关参数设置

3）配置扩展目录。服务器上 PHP 已经安装好，需要额外添加 PHP 扩展时，可以在原有的 PHP 基础之上直接安装扩展库。需要在 php.ini 文件中设置如下参数：

;extension_dir="ext"

在 PHP 配置文件中，以分号开头的一行表示注释文本，不会生效。故设置时去掉分号，修改成如下配置：

extension_dir=" D :\phpStudy\PHPTutorial\php\php-5.4.45\ext"

4）配置 PHP 时区。时区可以配置为 UTC（协调世界时）或 PRC（中国时区），配置如下：

date.timezone =PRC

需要注意的是，修改 php.ini 文件并且保存后，一定要重新启动 Apache 网站服务器才能使修改生效。

（2）配置 Apache 服务器。Apache 是一个 Web 服务器，基于 Http/Https/Websocket 等协议对外部提供数据、文件的获取功能。Apache 和 PHP 解释器之间的关系，是调用和被调用之间的关系，它可以接受来自客户端的 Http/Https 等协议的请求，当请求的文件是 PHP 脚本文件时，它会调用 PHP 解释器去解释和执行该脚本中的内容，并将解释器返回的结果，根据对应的协议规则封装成相应格式的数据，再将数据返回给请求的客户端。为了使服务器能够接受客户端对 PHP 网页的请求，需要修改 Apache 配置文件 httpd.conf。

1）修改服务端口号。Apache 网站服务器的默认服务端口是 80 端口（本书使用默认端口），在浏览器地址栏中输入"http://localhost"或"http://localhost:80"时，访问的是同一个页面。用户也可以根据网站开发的需要更改这个默认的服务端口。在打开的 httpd.conf 文件中，定位到 Listen 80 这行代码，如图 1-23 所示。将系统默认的 80 服务端口改为用户需要的端口（例如 8080）即可。

Listen 8080

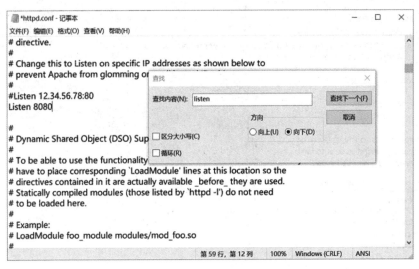

图 1-23　服务端口号设置

此后访问 Apache 服务时，在浏览器地址栏中加入 Apache 服务的端口号（例如 http://localhost:8080）。

需要说明的是，Apache 服务器使用的默认服务端口是 80 端口，如果服务器中安装并启动了 Microsoft 的 IIS 信息服务（IIS 的默认服务端口也是 80 端口），为避免产生端口冲突，可以修改 Apache 服务的端口号或将 IIS 服务停止。

2）设置默认网站目录。Apache 网站服务器的默认网站目录是"D:\phpStudy\PHPTutorial\WWW"，用户也可以根据网站开发的需要更改这个默认的网站目录（本书使用默认路径）。

在打开的 httpd.conf 文件中，定位到 DocumentRoot "D:\phpStudy\PHPTutorial\WWW" 这行代码，如图 1-24 所示。将系统默认的网站目录改为用户需要的网站目录（例如"D:\WWW"），设置如下参数：

DocumentRoot"D:\WWW"

3）设置起始页。Apache 服务器允许用户自定义起始页及其优先级，在配置文件中查找关键字"DirectoryIndex"，如图 1-25 所示。

在 DirectoryIndex 关键字的后面设置起始页的文件名及其优先级（名称之间用空格隔开，优先级从左到右依次递减）。从图 1-25 中可以看出，默认的网站起始页为 index.html、index.php、index.htm。因此，在浏览器地址栏中输入"http://localhost"时，Apache 服务先去查找访问"D:/WWW"目录下的 index.html 文件；若该文件不存在，则依次查找访问 index.php、index.htm 文件。

4）允许外部计算机访问服务器站点。配置好 Apache 后若发现其他计算机访问时，显示 forbidden。很明显是权限不足，需要做如下参数设置。在配置文件中，默认设置时允许外网访问。

Order allow，deny

Allow from all

Require all granted

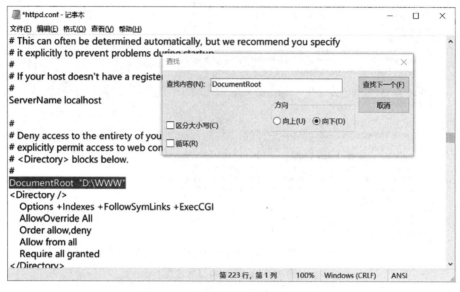

图 1-24　设置系统默认的网站目录

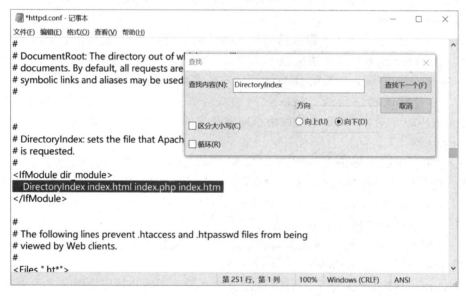

图 1-25　设置起始页

　　需要注意的是，修改 httpd.conf 文件并且保存后，一定要重新启动 Apache 网站服务器才能使修改生效。

　　（3）配置 MySQL 服务器。在 phpStudy 主界面下，已经为 MySQL 服务器的配置以及图形界面访问管理数据库，提供了方便快捷的菜单选项，包括修改端口号、修改默认字符集以及一些其他参数设置。这些也可以在数据库配置文件 my.ini 内进行设置，相关参数设置如下。

　　1）修改服务端口。MySQL 数据库服务的默认服务端口是 3306 端口（本书使用默认端口），用户也可以根据数据库开发的需要或端口发生冲突时，更改这个默认的服务端口。进入 my.ini 文件，配置如下：

　　port=3306

　　2）修改默认数据字符集。MySQL 默认数据字符集是 utf8，用户也可以根据数据库开发的需要更改这个默认的据字符集。进入 my.ini 文件，定位到 default-character-set ＝ utf8 这行代码，如图 1-26 所示。将系统默认的 utf8 数据字符集改为用户需要的数据字符集（例如 gb2132）即可。

　　default-character-set ＝ gb2312

图 1-26　设置默认数据字符集

　　需要注意的是，修改 my.ini 文件并且保存后，一定要重新启动 MYSQL 数据库服务才能使修改生效。

任务实现

配置 PHP 服务器

【任务内容】

将本地计算机配置成一台 PHP 服务器。选取 WAMP 环境组合方式，下载并安装 phpStudy 集成工具，完成相应参数配置后，启动服务，确保 Apache 和 MySQL 服务的顺利运行，并能查阅 phpinfo.php 信息页。

【学习目标】

学会使用集成工具完成 PHP 环境的搭建。

【知识要点】

PHP 环境的安装与配置。

【操作步骤】

1. 下载 phpStudy 集成开发工具

该软件的官网下载地址：https://www.xp.cn/download.html。

2. 安装 phpStudy 2018

（1）解压下载得到的压缩包 phpStudy 2018.zip，生成的文件是 phpStudy 2018.exe。

（2）双击 phpStudy 2018.exe，启动程序的安装。

3. 配置 Apache+PHP+MySQL 运行环境

根据自身需求，完成以下三个文件的配置：php.ini、httpd.conf 和 my.ini 文件。

4. 访问 phpinfo.php 信息页

浏览器地址栏输入"http://127.0.0.1/phpinfo.php"。

【预览效果】

预览效果如图 1-7 所示。

任务 1.4　Dreamweaver CS6 中建立 PHP 站点

◎ 任务描述

通过前面的学习，已经完成了 Web 服务器的环境搭建任务，下面利用网页编辑器完成 PHP 站点的创建并测试运行。

◎ 知识准备

1.4.1　PHP 常用的网页编辑器

编写 PHP 代码的工具很多，常用的网页编辑器有 Dreamweaver、Google Web Designer，常用的文本编辑器有 UltraEdit，甚至用 Windows 自带的记事本都可以书写源代码。当然，还有专门的 PHP 开发工具，如 PHP Coder、PHP Editor、Eclipse PDT 等。借助这些开发工具可以使用户的开发事半功倍。下面来简单介绍几种开发工具。

1. Adobe Dreamweaver CS6

Adobe Dreamweaver CS6 是一款功能强大、操作容易的所见即所得网页编辑器、网站管理开发工具，使得网页编辑的效率大大提高，是非常有名的网页制作利器，具有灵活编写网页的特点，不但将"设计"和"代码"编辑器合二为一，在设计窗口中还精化了源代码，能帮助用户按工作需要定制自己的用户界面（图 1-27）。

Dreamweaver CS6

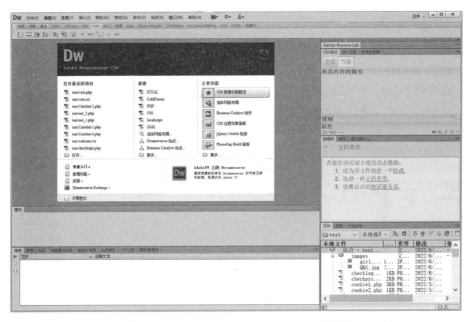

图 1-27　Adobe Dreamweaver CS6 起始页

2. Google Web Designer

Google Web Designer 是一种免费 Web 设计工具，主要用于创建基于 HTML 5 和 CSS 3 的网页、交互式广告、动画等，它可以创建为所有平台和设备设计的 Web 动画，而无须 Flash 支持，软件提供了完整、可见的集成创作界面，可同时支持设计视图和代码视图，使用户可以在两个视图中实时显示设计更改（图 1-28）。

图 1-28　Google Web Designer 起始页

3. RocketCake

RocketCake 是一款创建交互式网站的免费网站编辑器，支持所有主要的行业标准，包括 HTML 5、CSS、JavaScript、PHP 和 ASP，无须编程，不需要学习任何 HTML 或 CSS 知识，同时适用初学者和专业网页开发人员（图 1-29）。

图 1-29　RocketCake 起始页

4. PHP Coder

PHP Coder 用于快速开发和调试 PHP 应用程序，它很容易扩展和定制，完全能够符合开发者的个性要求。

5. PHP Editor

PHP Editor 是专门为国人设计的一流 PHP 编程环境，它身躯小巧，性能卓越，系统集成，智能感知，自动提示，单步调试，同时它还支持各种中文编码、大字符集字符的显示。

6. Eclipse PDT

Eclipse PDT 是开源的 PHP 集成开发环境（IDE）。PDT 可为 Eclipse 平台提供一个 PHP 开发工具框架。其包含有开发 PHP 所需的开发组件，且灵活和可扩展。它已迅速成长为最高下载的 Eclipse 项目之一。PDT 提供了在一个 PHP IDE 所需的所有核心功能。

1.4.2　Dreamweaver CS6 简介

Dreamweaver（DW）是当前最受欢迎、应用最广泛的一款网页制作软件，它集网页制作与网站管理于一身，提供了"所见即所得"的可视化界面操作方式，在网站设计与部署方面极为出色，并且拥有超强的编码环境，可以帮助网页设计者轻易地制作出跨越平台和浏览器限制并且充满动感的网站，是目前网站设计、开发、制作的首选工具。

1. Dreamweaver CS6 概述

Dreamweaver CS6 是世界顶级软件厂商 Adobe 推出的一套拥有可视化编辑界面，用于制作并编辑网站和移动应用程序的网页设计软件。由于它支持代码、拆分、设计、实时视图等多种方式来创作、编写和修改网页（通常是标准通用标记语言下的一个应用 HTML），对于初级人员，可以无须编写任何代码就能快速创建 Web 页面。

2. Dreamweaver CS6 功能

Dreamweaver CS6 具有成熟的代码编辑工具，更适用于 Web 开发高级人员的创作。CS6 新版本使用了自适应网格版面创建页面，在发布前使用多屏幕预览审阅设计，可大大提高工作效率。改善的 FTP 性能，可更高效地传输大型文件。"实时视图"和"多屏幕预览"面板可呈现 HTML 5 代码，更能够检查自己的工作。

（1）建立网上业务。通过与 Adobe Business Catalyst 平台（需单独购买）集成来开发复杂的电子商务网站，无须编写任何服务器端编码。建立并代管免费试用网站。

（2）提高工作效率。利用高速 FTP 传输和改良的图像编辑功能，有效地设计、开发并发布网站和移动应用程序。利用对 jQueryMobile 和 PhoneGap 框架的更新支持，建立移动应用程序。

（3）可响应的自适应网格版面。

（4）改善的 FTP 性能。

（5）Adobe Business Catalyst 集成。

（6）使用 DW 中的 Business Catalyst 面板连接。

（7）增强型 jQuery 移动支持。使用更新的 jQuery 移动框架支持为 iOS 和 Android 平台建立本地应用程序。建立触及移动受众的应用程序，同时简化移动开发工作流程。

（8）更新的 PhoneGap 支持。更新的 Adobe PhoneGap 支持可轻松为 Android 和 iOS 建立和封装本地应用程序。通过改编现有的 HTML 代码来创建移动应用程序。使用 PhoneGap 模拟器检查设计。

3. Dreamweaver CS6 的工作界面

安装好 Dreamweaver CS6 后，执行"开始"→"所有程序"→"Adobe Dreamweaver CS6"命令。Dreamweaver CS6 经过一系列初始化过程后，显示起始页对话框，如图 1-30 所示。

图 1-30 Dreamweaver CS6 的工作界面

使用 Dreamweaver CS6 开发网站前，一般需要进行首选参数设置，其方法是执行"编辑"→"首选参数"→"新建文档"命令，主要设置默认文档类型和默认编码，效果如图 1-31 所示。

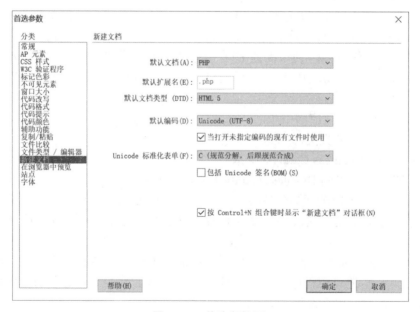

图 1-31 首选参数页

注意：本课程主要涉及的页面文档类型是静态的 HTML 和动态的 PHP。文档编码在本书中统一为 utf-8。

如果要创建新的 PHP 网页，则选择"新建"栏中的"PHP"选项，这时将进入 Dreamweaver CS6 的设计窗口，如图 1-32 所示。

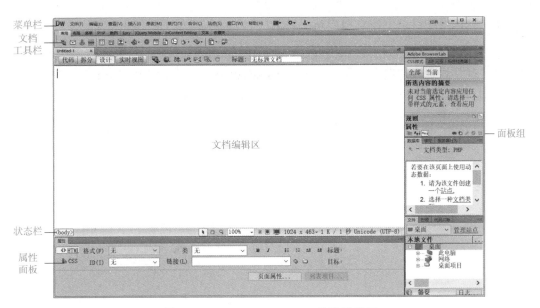

菜单栏
文档
工具栏

文档编辑区

面板组

状态栏

属性
面板

图 1-32 Dreamweaver CS6 的设计窗口

1.4.3 在 Dreamweaver CS6 中建立 PHP 站点

要构建动态的 PHP 站点，就必须要定义测试站点。这样才能正确地解析服务器中的应用程序。

测试服务器，是创建动态站点的关键步骤。网站的服务器是网站的灵魂（图 1-33），如果服务器出现问题，受到影响的不仅是网站的访问速度，同时还会影响用户体验，如果访问量稍大甚至可能会导致网站直接崩溃。作为网站开发人员，改善用户体验，维护系统安全、为企业网站正常运营提供高效率、便捷的工作，是应尽的职责。

建立 PHP 站点及
一个 PHP 网页

图 1-33 网站服务器

平日里，你的网络体验如何呢？谈谈你的体验感受（感官体验、交互体验、情感体验、浏览体验、信任体验）。

创建 PHP 站点的具体步骤如下。

1．默认网站目录下建立用户站点目录

在 PHP 的默认网站目录 "D:\phpStudy\PHPTutorial\WWW" 下建立用户站点目录，如 test。对应的本地物理文件夹为 "D:\phpStudy\PHPTutorial\WWW\test"，如图 1-34 所示。这里建立的用户站点目录就是作为测试服务器使用的，即本地站点中制作的页面最终要上传到测试服务器中进行验证。

图 1-34　默认网站目录

2．建立本地站点

打开 Dreamweaver CS6，执行 "站点" 菜单→ "新建站点" 命令，打开 "站点设置对象" 对话框，新建一个名称为 test 的本地站点，使用本地站点文件夹，路径为 D:\phpStudy\PHPTutorial\WWW\test\，如图 1-35 所示。

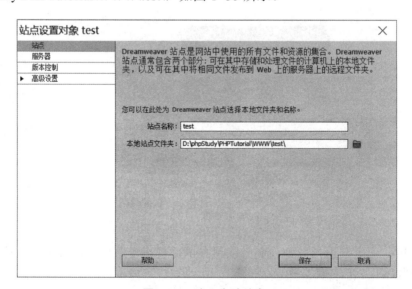

图 1-35　建立本地站点

3. 建立测试服务器

在左侧分类窗格，选择"服务器"类别，单击"＋"按钮添加新服务器，如图 1-36 所示。

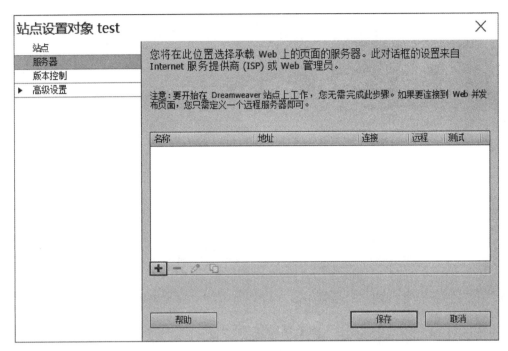

图 1-36 添加新服务器

打开添加新服务器界面，在"基本"选项卡下，输入服务器名称为"phpserver"，连接方法选择"本地／网络"，服务器文件夹设置为"D:\phpStudy\PHPTutorial\WWW\test"（与本地站点文件夹一致），Web URL 输入"http://localhost/test/"，如图 1-37 所示。

注意 Web URL 地址中的 http://localhost 代表网站的根目录：\phpStudy\PHPTutorial\WWW。因此，在 http://localhost 之后一定要添加上在默认网站目录下建立的用户站点目录 test，否则将无法访问到 php 文件。

单击"高级"选项卡，这里主要用于设置测试服务器的服务器模型。在服务器模型下拉菜单中选择服务器模型为"PHP MySQL"，如图 1-38 所示。

单击"保存"按钮，返回"站点设置对象"对话框。此时，系统默认的服务器类型是远程服务器，如图 1-39 所示。由于当前的操作只是建立测试服务器，并未建立站点文档及测试网站的功能，因此，这里需要将系统默认的用于发布站点到互联网的远程服务器修改为测试服务器。

首先，取消勾选"远程"复选框，然后勾选"测试"复选框即可，如图 1-40 所示。

4. 高级设置

在左侧分类窗格，选择"高级设置"类别，在默认图像文件夹中，输入路径为"D:\phpStudy\PHPTutorial\WWW\test\images"，网站中所使用的图片，均可以放在此文件中。其他选项默认，如图 1-41 所示。

最后，单击"保存"按钮，完成 PHP 站点的定义，如图 1-42 所示。

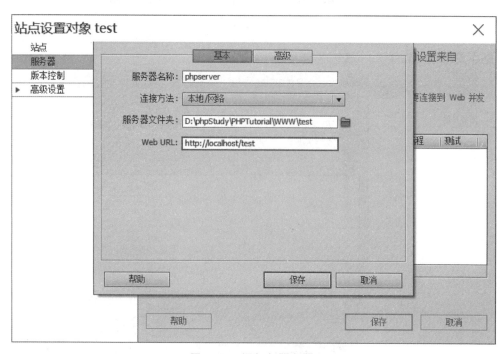

图 1-37　添加新服务器

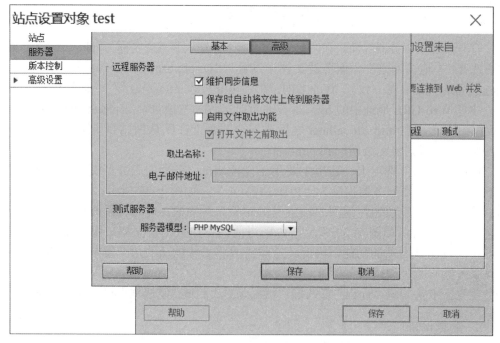

图 1-38　设置测试服务器的服务器模型

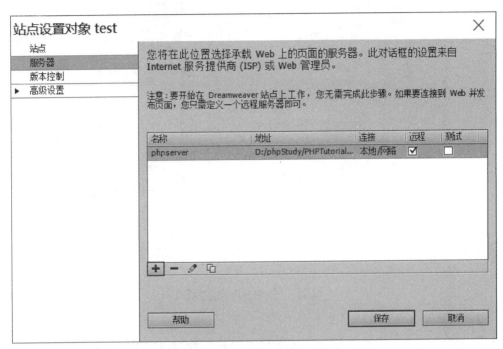

图 1-39　服务器类型设置（远程）

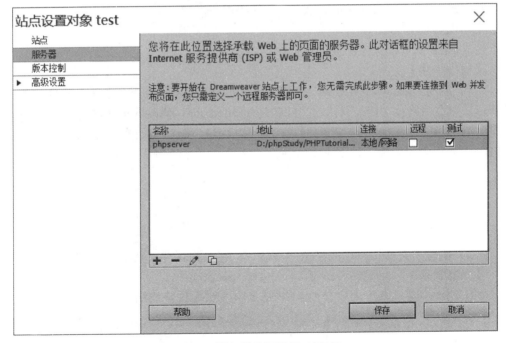

图 1-40　服务器类型设置（测试）

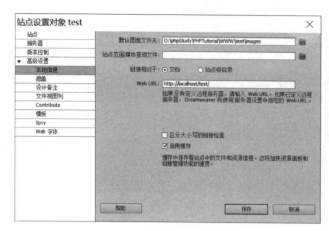

图 1-41　高级设置

图 1-42　站点设置完成

任务实现

编写一个 PHP 测试页

【任务内容】

在 Dreamweaver CS6 创建一个动态 PHP 站点，并编写一个简单的 PHP 测试页。

【学习目标】

掌握建立 PHP 网页的一般方法。

【知识要点】

建立 PHP 网页，保存网页，预览网页。

【操作步骤】

（1）启动 Dreamweaver CS6，打开已经建立的站点 sample，在文件面板的本地站点下新建一个空白网页文档，默认的文件名是 untitled.php，修改网页文件名为 test.php。

（2）双击网页 test.php 进入网页的编辑状态。在代码视图下，修改网页标题为"PHP 世界"。然后输入以下 PHP 代码。

```php
<?php
  echo "<h1>学习 PHP 的道路上，你我同行！</h1>";
?>
```

（3）执行"文件"→"保存全部"命令，将页面保存，按 F12 键预览网页。

【预览效果】

本实例页面建立在上面定义的 PHP 站点中，页面预览的结果如图 1-43 所示。

图 1-43　test.php 文件运行效果

单元实训

创建并运行 PHP 网页

【实训内容】

1. 完成 PHP 的运行环境搭建。

2. 安装 Dreamweaver CS6，并创建 PHP 动态站点。

3. 编写一个简单的 PHP 程序，输出一句你自己想说的话。

【实训目标】

1. 学会使用集成工具完成 PHP 环境的搭建。

2. 掌握三种配置文件的重要参数设置，完成 Apache、MySQL、PHP 软件配置。

3. 能够顺利完成动态站点的搭建，并测试首个 PHP 网页。

【知识要点】

1. PHP 语法特点。

2. PHP 开发环境搭建。

3. 创建 PHP 站点。

【实训案例代码】

1. 实训内容中的 1 和 2 的操作步骤，请参照前面书中的讲解步骤。

2. 编写一个简单的 PHP 程序，新建 ex1_1.php 文件，代码如下：

```php
<?php
  echo "<h1>学完本门课程</h1>";
  echo "<h2>希望你能获得1+X职业技能等级证书——WEB前端开发证书。</h2>";
?>
```

运行效果如图 1-44 所示。

学完本门课程

希望你能获得1+X职业技能等级证书——WEB前端开发证书。

图 1-44 运行效果

习题

一、单项选择题

1. Apache 服务器的默认服务端口是（　　）。

A. 3306　　　　　　B. 8080　　　　　　C. 2427　　　　　　D. 80

2. MySQL 源代码的特性是（　　）和稳定性。

A. 安全性　　　　B. 系统性　　　　　　C. 可靠性　　　　　　D. 开放性

3. WAMP 是 PHP 开发的一种常用技术环境组合，是基于 Windows、（　　）、MySQL、（　　）的运行环境。

A. Apache、PHP　　　　　　　　　　B. Apache、JSP

C. Apache、ASP　　　　　　　　　　D. ASP、PHP

4. 超文本预处理语言的缩写是（　　）。

A. PHP　　　　　　　　　　　　　　B. JSP

C. ASP　　　　　　　　　　　　　　D. ASP.net

5. 以下不属于服务器动态技术的是（　　）。

A. PHP　　　　　　　　　　　　　　B. JSP

C. C#　　　　　　　　　　　　　　D. ASP

6. 要配置 PHP 环境，只需修改（　　）文件。

A. php.ini　　　　　　　　　　　　B. http.conf

C. my.ini　　　　　　　　　　　　D. 没有显示

7. PHP 的默认网站目录是（　　）。

A. D:\phpStudy\WWW　　　　　　　B. D:\Inetpub\WWW

C. D:\phpStudy\ROOT　　　　　　　D. D:\phpStudy\test

8. 若建立的用户站点目录为 test，则在网页地址栏访问时，输入的格式正确的是（　　）。

A. http://www.localhost.com/test　　B. http://192.168.0.1/test

C. http://localhost/test　　　　　　D. https://localhost

9. 测试服务器时，服务器模式选择（　　）。

A. JSP　　　　　　　　　　　　　　B. ASP JavaScript

C. PHP MySQL　　　　　　　　　　D. ASP VBScript

10. 预览网页使用的快捷键是（　　）。

A. F12　　　　　　B. F10　　　　　　C. F8　　　　　　　D. F7

二、简答题

1. 简述 WWW 的工作原理。

2. PHP 开发环境中的三个主要配置文件是什么？常用配置有哪些？

3. PHP 语言的特点有哪些？

单元 2
PHP 基础知识学习及应用

学习目标

【知识目标】
1. 掌握 PHP 的基本语法。
2. 掌握 PHP 数据类型、变量和常量、运算符和表达式。
3. 掌握 PHP 条件分支语句、循环控制语句。
4. 掌握 PHP 函数的创建和使用。

【能力目标】
1. 能够实现程序功能片段的编写。
2. 能够将程序片段应用到实际网站当中。

【素养目标】
1. 培养做事脚踏实地、一丝不苟、精益求精、一以贯之的工匠精神。
2. 守规矩、讲道理，当个人利益与集体利益发生冲突时，懂得取舍。
3. 培养良好的时间观念，在学习和生活中合理安排时间，做事有条理、能够分清事务的轻重缓急，学会任务分解，提高工作效率。

知识要点

1. PHP 基本语法。
2. 数据类型。
3. 变量和常量。
4. 运算符和表达式。
5. 条件分支语句。
6. 循环控制语句。
7. 函数。

小王已经顺利完成了 PHP 的运行环境搭建，他想着手进行 Web 开发，公司为其分配了某网站系统的一个功能模块。为了能更好地进行代码编写，小王要尽快熟悉 PHP 的基础语法，"工欲善其事，必先利其器"。因此，他决定从 PHP 基本语法开始学习，然后通过函数和数组的学习，灵活地组织代码结构，实现对数据的批量处理；最后，利用表单的处理实现浏览器与服务器的数据交互，开发具有功能性的网站系统。本单元将学习 PHP 的基础知识以及相关应用。

任务 2.1　学习 PHP 语法常识

任务描述

PHP 是一种在服务器端执行的嵌入式脚本语言，它经常会和 HTML 内容混编在一起，PHP 代码可以嵌入 HTML 代码，HTML 代码也可以嵌入 PHP 代码。为了区分 HTML 与 PHP 代码，需要使用标记将 PHP 代码"包裹"起来。

使用什么样的标记规则，才能使 PHP 预处理器正确识别程序中哪些是 PHP 动态代码？哪些是静态文本？让我们带着任务，进入下面的学习。

知识准备

2.1.1　第一个 PHP 程序

在单元 1 中，我们已经搭建了 PHP 的运行环境，下面就来学习 PHP 的基本语法。"hello，world！"已经变成所有程序语言的第一个范例，本书也不例外，先用 PHP 来写一个输出"hello，world！"的简单的 PHP 程序。例如：

```html
<html>
    <head>
        <title>第一个 PHP 程序 </title>
    </head>
    <body>
        <?php
         echo "hello,world!";
        ?>
    </body>
</html>
```

这个程序在 PHP 中不需经过编译等复杂的过程，只要将它放在已配置好 PHP 平台的服务器中，并以 ex2_1_1.php 为文件名保存此程序。在用户端的浏览器中，在地址栏中输入 http://localhost/test/ex2_1_1.php，就可以在浏览器上看到图 2-1 所示的效果。

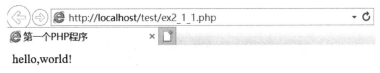

图 2-1　运行效果

可以看到，这个程序只有 3 行有用，其他 7 行中 1 行为标题，6 行是标准的 HTML 语法。第 6 行和第 8 行分别是 PHP 的开始和结束的嵌入符号。第 7 行才是服务器端执行的语句。可以通过浏览器窗口的"查看"→"源文件"命令来查看其源文件：

```
<html>
<head>
<title> 第一个 PHP 程序 </title>
</head>
<body>
hello,world!
</body>
</html>
```

可以看出 PHP 程序在返回浏览器时，与 JavaScript 或 VBScript 完全不一样，PHP 的源程序没有传到浏览器，只在浏览器上看到短短的几个字"hello，world!"。

第一个 PHP 程序编写，往往是学习 PHP 动态网站开发的起点，也就意味着真正的编程开始了。众多的语法格式、系统函数应用、程序结构搭建等，都需要大家不断努力、反复练习、拓展学习。任何事务的成功都不是一蹴而就的，需要大家克服困难、坚持不懈、勇往直前。

2.1.2　PHP 语法风格

为了把 PHP 动态网页中的 PHP 代码与其他内容加以区分，必须通过一定的标记对不同内容加以区分，这就需要用到 PHP 定界符。在 ex2_1_1.php 程序中出现了"<?php"和"?>"标志符，这就是 PHP 标记。PHP 标记告诉 Web 服务器 PHP 代码何时开始、结束。这两个标记之间的代码都将被解释成 PHP 代码，PHP 标记用来隔离 PHP 和 HTML 代码。

PHP 的标记风格有以下四种形式。

1. 以"<?php"开始，"?>"结束

```
<?php
…                                              // PHP 代码
```

```
?>
```

这是本书使用的标记风格，也是最常见的一种风格。它在所有的服务器环境上都能使用，建议读者使用这种形式。另外，在 Dreamweaver 中，可以利用插入栏快速插入 PHP 定界符。方法是在插入栏选择"PHP"类别，然后单击"代码块"图标，如图 2-2 所示。

图 2-2　利用 Dreamweaver 插入栏添加 PHP 定界符

2. 以"<?"开始，"?>"结束

```
<?
…                                          // PHP 代码
?>
```

<? … ?>：这是 <?php … ?> 定界符的简写形式。若要在文档中使用这种类型的定界符，必须在配置文件 php.ini 中设置 short_open_tap = On，然后重启 Apache 服务器。否则编译器将无法解释。这种风格默认是禁止的。

3. script 标记风格

```
<script language="php">
…                                          // PHP 代码
</script>
```

长风格标记，这是类似 JavaScript 和 VBScript 风格的编写方式。其作用是指定由 PHP 语言引擎来解释 <script> 与 </script> 标记之间的脚本。不过，由于程序书写和阅读上的不便，编程过程中使用这种标记风格的概率较低。

4. 以"<%"开始，"%>"结束

```
<%
…                                          // PHP 代码
%>
```

这是 ASP 风格的嵌入方式，若要在 PHP 文件中使用这种形式的定界符，必须在配置文件 php.ini 中设置 asp_tags = On，然后重启 Apache 服务器，否则编译器将不予解析。这种风格默认是禁止的。

2.1.3　PHP 程序注释

为了提高代码的可读性，应该养成注释的习惯，这样才能减少程序代码后期维护的时间。PHP 注释和 PHP 代码相同，必须位于 PHP

PHP 的标记及注释

开始标记与结束标记之间；不同之处在于 PHP 注释的内容会被 PHP 预处理器过滤，不会被 PHP 预处理器处理。可以这样理解，PHP 代码提供给"PHP 预处理器"处理，而 PHP 注释是提供给"程序员"处理。PHP 支持如下三种注释风格。

　　第一种：多行注释"/* ……*/"。这是 C 语言风格的注释，注释从"/*"开始，到"*/"结束，可以用于添加多行注释文字。

　　第二种：单行注释"//"。这是 C++ 语言风格的注释，注释从"//"开始，到行尾结束，这种方式主要用于添加一行注释。若要添加多行注释，则应在每行前面都添加"//"。

　　第三种：单行注释"#"。这是 UNIX Shell 风格注释，注释从"#"开始，到行尾结束，与单行注释"//"用法相同。

　　例如，下面的程序中使用了三种注释风格。

```php
<?php
/*
这是 PHP 多行注释
下面分别是两个单行注释的例子
*/
echo "这是第一个使用 // 注释的例子。"        // 这是 C++ 风格的注释
echo "这是第二个使用 # 注释的例子。"         # 这是 shell 风格的注释
?>
```

2.1.4　PHP 与 HTML 的相互嵌入

1. HTML 中嵌入 PHP

　　在 HTML 代码中嵌入 PHP 代码相对来说比较简单，服务器在解析 PHP 代码时，如果遇到"<?php"和"?>"符号，就会把这两个符号内代码进行解析。下面是一个在 HTML 中嵌入 PHP 代码的例子：

```html
<html>
<head>
<title>HTML 中嵌入 PHP</title>
</head>
<body>
设置文本框的默认值
<input type = text value = "<?php echo '这是 PHP 的输出内容';  ?>">
</body>
</html>
```

2. PHP 中嵌入 HTML

　　在 PHP 显示函数中使用 HTML 代码，可以使用 PHP 输出更为美观的界面内容。

下面是一个在 PHP 中嵌入 HTML 代码的例子：

```php
<?php
echo "<p style='color:red'>这是段落</p>";
echo "<font size='5'>这是 5 号字体</font>";
?>
```

2.1.5　PHP 调用 JavaScript

在 PHP 动态网页中，既可以包含 PHP 服务器端脚本，也可以包含 JavaScript 客户端脚本。PHP 代码中嵌入 JavaScript 能够与客户端建立起良好的用户交互界面，强化 PHP 的功能，其应用十分广泛。在 PHP 中生成 JavaScript 脚本的方法与输出 HTML 的方法一样，可以使用显示函数。下面是一个在 PHP 中调用 JavaScript 代码的例子：

```php
<?php
echo "<script>";
echo "alert('调用 JavaScript！消息框');";
echo "</script>";
?>
```

◎ **任务实现**

PHP 与 HTML、JavaScript 间的嵌套应用

【任务内容】

在 PHP 代码中利用 JavaScript 脚本弹出一个消息框，关闭消息框后，利用表单控件完成按钮提交，并显示当前系统下程序员名称。

【学习目标】

掌握 PHP 与 HTML、JavaScript 间的嵌套应用。

【知识要点】

PHP 与 HTML 的相互嵌入。

PHP 调用 JavaScript。

【操作步骤】

（1）在文件面板的本地站点下新建一个空白网页文档，默认的文件名是 untitled. php，修改网页文件名为 ex2_1.php。

（2）双击网页 ex2_1.php，进入网页的编辑状态。在代码视图下，输入以下 PHP 代码：

```html
<html>
<head>
<meta charset="utf-8">
```

```
<title>PHP 调用 JavaScript</title>
</head>
<body>
<?php
  $now=date("Y-m-d H:i:s");
  $name=" 张晓晓 ";
  $message=" 单击按钮显示程序员姓名 ";
  echo "<script>";
  echo "alert('".$name."登录成功! 现在时间是 ".$now."');";
                                    // 在 JavaScript 中使用 $now 和 $name 变量
  echo "</script>";
?>
<h3>-- 登录的程序员是 --</h3>
<form name="form1">
    <input type="text" name="text1" size=20 value="<?php echo
$message?>"><br>
    <input type="button" name="button1" value=" 点击 " onclick=
"text1.value='<?php echo $name; ?>'">
</form>
</body>
</html>
```

　　说明：如果时区不合法，则对日期时间函数的调用都会产生一条 E_NOTICE 级别的错误信息。从 PHP 5.1.0 开始，php.ini 里加入了 date.timezone 这个选项，默认情况下是关闭的，显示的时间是格林尼治标准时间，和北京时间差了正好 8 个小时。若出现日期修改 php.ini，在 php.ini 中找到 data.timezone= 去掉它前面的 ; 号，然后设置 data.timezone=PRC，重启 Apache 服务器即可。

　　【预览效果】

　　预览效果如图 2-3 ～图 2-5 所示。

图 2-3　脚本弹出框

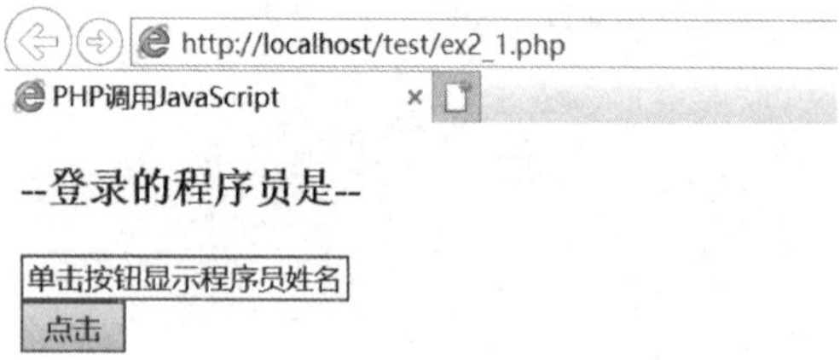

--登录的程序员是--

单击按钮显示程序员姓名
点击

图 2-4　运行效果（一）

--登录的程序员是--

张晓晓
点击

图 2-5　运行效果（二）

任务 2.2　从输出学生信息中学习数据类型

任务描述

开发中经常需要操作数据，而每个数据都有其对应的类型。在 PHP 中，数据类型是用一组属性描述其定义的数据单元，它是由程序的上下文决定的，也就是具体的类型由存储的数据决定。熟悉数据类型，对今后的编程起到至关重要的作用。结合输出学生信息任务，进一步掌握 PHP 中的数据类型。

PHP 数据类型

知识准备

PHP 中支持三类数据类型，分别为标量数据类型、复合数据类型及特殊数据类型。标量类型有四种：integer（整型）、float（浮点型）、string（字符串型）、boolean（布尔型）；复合类型有两种：array（数组）、object（对象）；特殊类型有两种：NULL（空）和 resource（资源）。除此之外，为了提高代码的可读性，PHP 还支持一些伪类型变量。

2.2.1　标量数据类型

1. 整型

整型是没有小数的数字，可以由十进制、八进制和十六进制数指定，用来表示整数，在它前面加上 "-" 符可以表示负数。其中，八进制数使用 0 ～ 7 表示，且数字前必须加上 0，十六进制数使用 0 ～ 9 与 A ～ F 表示，数字前必须加上 0x。

整型数的字长和平台有关。在 32 位操作系统中，整型数的取值范围是 -2 147 483 648 ～ 2 147 483 647。若给定的一个数，超出了整型数的范围，则将被解释为浮点数；当运算结果超出了整型数范围时，会返回浮点数。PHP 不支持无符号整数。例如：

```php
<?php
$x=1254;                    //十进制数 int(1254)
var_dump($x);              //var_dump() 函数返回变量的数据类型和值
echo "<br/>";
$x=-321;                    //负数 int(-321)
var_dump($x);
echo "<br/>";
$x=0x8D;                    //十六进制数 int(141)
var_dump($x);
echo "<br/>";
$x=0427;                    //八进制数 int(279)
var_dump($x);
?>
```

在上述代码段中，var_dump() 函数返回变量的数据类型和值。十六进制和八进制数在使用该函数时，返回的是十进制整型。

2. 浮点型

浮点型也称为浮点数、双精度数或实数，是程序中表示小数的一种方法。在 PHP 中，通常使用标准格式和科学计数法表示浮点数。例如：

```php
<?php
$x=21.125;                 //标准格式 float(21.125)
var_dump($x);
echo "<br/>";
$x=3.5e3;                  //科学计数法 float(3500)
var_dump($x);
echo "<br/>";
$x=2E-5;                   //科学计数法 float(2.0E-5)
var_dump($x);
?>
```

3. 字符串

字符串是由连续的字母、数字或字符组成的字符序列。在 PHP 中，没有对字符串的最大长度进行严格的规定，通常使用单引号或双引号表示字符串。

单引号里出现的变量会原样输出，PHP 引擎不会对它进行解析，因此单引号定义字符串效率最高。双引号所包含的变量会自动被替换成变量值。这也是两者的主要区别。例如：

```
<?php
$x="Hello world!";
echo '你好世界 $x';               //你好世界 $x
echo "<br/>";
echo "你好世界 $x";               //你好世界 Hello world!
?>
```

从上述示例可知，变量 $x 在单引号字符串中原样输出，而在双引号字符串中被解析为 Hello world!。

值得一提的是，在字符串中可以使用转义字符，见表 2-1。

表 2-1 转义字符

序列	含义
\n	换行［LF 或 ASCII 字符 0x0A（10）］
\r	回车［CR 或 ASCII 字符 0x0D（13）］
\t	水平制表符［HT 或 ASCII 字符 0x09（9）］
\v	垂直制表符［VT 或 ASCII 字符 0x0B（11）］
\e	Escape［Esc 或 ASCII 字符 0x1B（27）］
\f	换页［FF 或 ASCII 字符 0x0C（12）］
\\	反斜线
\$	美元符号
\"	双引号
\[0-7]{1,3}	此正则表达式序列匹配一个用八进制符号表示的字符
\x[0-9A-Fa-f]{1,2}	此正则表达式序列匹配一个用十六进制符号表示的字符

双引号字符串中使用双引号时，可以使用"\""来表示。双引号字符串还支持换行符"\n"、制表符"\t"等转义字符的使用，而单引号字符串只支持"'"和"\"的转义，即单引号字符串中使用单引号时，可以使用"\'"来表示。引号字符串中使用"\"时，可以使用"\\"来表示。例如：

```
<?php
$a="Hello \"world\"!";
$b='Hello \"world\"!';
$c='Hello \'world\'!';
echo  $a;                       //输出 Hello "world"!
echo "<br/>";
echo  $b;                       //输出 Hello \"world\"!
echo "<br/>";
echo  $c;                       //输出 Hello 'world'!
```

```
?>
```

在上述代码段中，被双引号包裹的"\""可以被转义为"""；被单引号包裹的"\""不能被转义，原样输出"\""；被单引号包裹的"\'"可以被转义为"'"。

4. 布尔型

布尔型是 PHP 中较常用的数据类型之一，通常用于逻辑判断，它只有 TRUE 和 FALSE 两个值，表示事物的"真"和"假"，并且不区分大小写。例如：

```php
<?php
  $logx=TRUE;                    // 将 TRUE 赋值给变量 $logx
  $logy=FALSE;                   // 将 FALSE 赋值给变量 $logy
  echo $logx;                    // 输出变量 $logx 的值 1
  echo "<br/>";
  echo $logy;                    // 输出变量 $logy 的值为空字符串
?>
```

在上述代码段中，使用 echo 输出 TRUE 时，TRUE 被自动地类型转换为整数 1；使用 echo 输出 FALSE 时，FALSE 被自动地类型转换为空字符串。

2.2.2　复合数据类型

1. 数组

PHP 数组由一组有序的变量组成，每个变量称为一个元素，每个元素由键和值构成。由于 PHP 数组中元素的键名不相等，因此可以根据键名唯一地确定一个数组元素。同一个 PHP 数组中，各元素中的键名既可以是数字编号，也可以是字符串；同一个 PHP 数组中，各元素的键值既可以是标量数据类型数据，也可以是复合数据类型数据（如数组、对象）。在传统的高级语言中，数组都是静态的，在定义数组前必须指定数组的长度，而在 PHP 中，数组是动态的，在定义数组时不必指定数组的长度。先来简单了解一下，在后面单元中会有详细介绍。例如：

```php
<?php
$num=array(5,4,3,2,1);
$color=array("red","yellow",2=>"blue");
echo $num[2];                    // 输出 3
echo "<br/>";
echo $color[2];                  // 输出 blue
?>
```

在上述代码段中，分别定义两个数组，$num 数组中有 5 个元素，现输出键名为 2 的数组元素的键值为 3；$color 数组中有 3 个元素，其中第三个元素指定键名为 2，故输出键名为 2 的数组元素的键值为 blue。

2. 对象

客观世界中的一个事物就是一个对象，每个客观事物都有自己的特征和行为。从程序设计的角度来看，事物的特征就是数据，也叫成员变量；事物的行为就是方法，也叫成员方法。面向对象的程序设计方法就是利用客观事物的这种特点，将客观事物抽象为"类"，而类是对象的"模板"。

对象是存储数据和有关如何处理数据的信息的数据类型。在 PHP 中，必须明确地声明对象。例如：

```php
<?php
class  a                      // 定义一个类a
{
  var $a='hello world';       // 声明一个类的属性
  function  fun($b) {         // 声明一个类的方法
    echo "hello world";
  }
}
?>
```

面向对象程序设计是软件设计和实现的有效方法，随着 PHP 面向对象技术的日趋完善，为了便于程序的模块化开发以及程序的后期维护，很多功能都可以通过 PHP 实现。

2.2.3　特殊数据类型

1. 资源

资源是一种特殊数据类型，保存了对外部资源的一个引用。资源是通过专门的函数来建立和使用的。例如，PHP 提供的 mysql_connect() 函数用于建立一个 MySQL 服务器的连接，PHP 提供的 fopen() 函数用于打开一个文件等，这些函数的返回值为资源数据类型。例如：

```php
<?php
$connection=mysql_connect("localhost","root","");
                          // 建立一个MySQL数据库连接
var_dump($connection);    // 使用var_dump()函数输出函数中参数的数据
                             类型
?>
```

在上述代码段中，使用 mysql_connect() 函数建立一个 MySQL 数据库连接时，需要指定数据库服务器的主机名（或 IP 地址）、用户名（例如"root"）和密码（例如" "），

var_dump() 函数的功能是输出函数参数的数据类型。

2. NULL 空类型

NULL 是一个特殊的数据类型，该数据类型只有一个 NULL 值，用来标识一个不确定或不存在的数据。NULL 不区分大小写，即 null 和 NULL 是等效的。例如：

```php
<?php
$empty=NULL;              // 变量 $empty 被赋值为 NULL
var_dump($empty);         // 输出 NULL
?>
```

2.2.4　数据类型转换

数据类型转换是指将变量或值从一种数据类型转换成其他数据类型。转换的方法有两种，分别是自动类型转换和强制类型转换。

1. 自动类型转换

每一个数据都有它的类型，具有相同类型的数据才能彼此操作。在 PHP 中，自动类型转换通常发生在不同类型的变量混合运算时，若参与运算的变量类型不同，则需要先将它们转换成同一类型，然后进行运算。

通常只有四种标量类型（integer、float、string、boolean）和 NULL 才会在运算中自动转换类型。注意，自动类型转换并不会改变变量本身的类型，改变的仅是这些变量的求值方式。自动类型转换虽然是由系统自动完成的，但在混合运算时，自动类型转换也需要遵循按数据长度增加的方向进行，以保证精度不降低。例如：

```php
<?php
$str='100hello';
$str=$str+100;
                    // 此时 $str 的类型为 integer, 值为 200
echo ' 此时 $str 的类型为 '.gettype($str).', 值为 '.$str.'<br/>';
$str=$str+3.14;
                    // 此时 $str 的类型为 double, 值为 203.14
echo ' 此时 $str 的类型为 '.gettype($str).', 值为 '.$str.'<br/>';
$str=NULL+'PHP 程序设计 ';
                    // 此时 $str 的类型为 integer, 值为 0
echo ' 此时 $str 的类型为 '.gettype($str).', 值为 '.$str.'<br/>';
?>
```

在上述代码段中，加号"+"实现了自动类型转换。如果一个数是浮点数，则使用加号"+"后其他的所有数都作为浮点数，结果也是浮点数。否则，参与"+"运算的运算数都将被解释成整数，结果也是一个整数。

2. 强制类型转换

PHP 中的强制类型转换和其他语言很类似，可以在要转换的变量之前加上用括号括起来的目标类型［例如 $var=(int)0.125；］，也可以使用具体的类型转换函数［例如 intval()、floatval()、strval() 等］或者 settype() 来转换类型。

括号中允许使用的变量类型如下所示：

(int)、(integer)：转换成整型；

(bool)、(boolean)：转换成布尔类型；

(float)、(double)、(real)：转换成浮点类型；

(string)：转换成字符串类型；

(array)：转换成数组类型；

(object)：转换成对象类型。

使用具体的转换函数 intval()、floatval()、boolval()、strval() 等来转换变量的类型时，这些函数的作用如下所示：

intval()：用于获取变量的整数值；

floatval()：用于获取变量的浮点值；

boolval()：用于获取变量的布尔值；

strval()：用于获取变量的字符串值。

例如：

```php
<?php
echo $a=(int)"teacher";          // 输出 0
echo "<br/>";
echo $b=(int)3.14;               // 输出 3
echo "<br/>";
echo $c=(int)FALSE;              // 输出 0
echo "<br/>";
echo $d=(bool)1;                 // 输出 1
echo "<br/>";
$str='3.1415abc';
$int=intval($str);
echo var_dump($int).'<br/>';     // 输出 int(3)
$float=floatval($str);
echo var_dump($float).'<br/>';   // 输出 float(3.1415)
$string=strval($str);
echo var_dump($string);          // 输出 string(9)"3.1415abc"
?>
```

在上述代码段中，两种强制类型转换的方式都不会改变被转换变量本身的类型，而是通过将转换得到的新类型的数据赋值给新的变量，原变量的类型和值不变。

任务实现

输出学生信息并显示信息的数据类型

【任务内容】

定义学生信息变量，存储学生的个人信息，并将信息输出到浏览器上，显示变量类型。

【学习目标】

熟练掌握 PHP 提供的数据类型，并进行应用。

【知识要点】

（1）数据类型。

（2）初识变量。

（3）echo() 和 var_dump() 函数的应用。

【操作步骤】

（1）在文件面板的本地站点下新建一个空白网页文档，默认的文件名是 untitled. php，修改网页文件名为 ex2_2.php。

（2）双击网页 ex2_2.php，进入网页的编辑状态。在代码视图下，输入以下 PHP 代码：

```php
<?php
$title="学生信息如下：";
$name="理想";
$age=20;
$score=92.5;
$sex=TRUE;
echo $title."<br/>";
echo "姓名：".$name."<br/>";            //输出姓名：理想
echo "年龄：".$age."<br/>";             //输出年龄：20
echo "成绩：".$score."<br/>";           //输出成绩：92.5
echo "性别：".$sex."<br/>";             //输出性别：1
echo "具体数据类型如下："."<br/>";
echo var_dump($name).'<br/>';          //显示 string(6)"理想"
echo var_dump($age).'<br/>';           //显示 int(20)
echo var_dump($score).'<br/>';         //显示 float(92.5)
echo var_dump($sex);                   //显示 bool(true)
?>
```

【预览效果】

预览效果如图 2-6 所示。

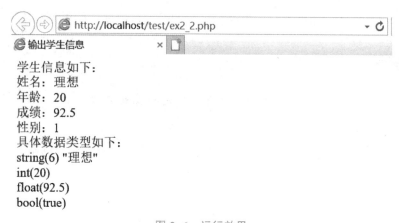

学生信息如下：
姓名：理想
年龄：20
成绩：92.5
性别：1
具体数据类型如下：
string(6) "理想"
int(20)
float(92.5)
bool(true)

图 2-6　运行效果

任务 2.3　从计算圆的周长和面积中学习常量和变量

◎ 任务描述

变量和常量是编程中不可或缺的一部分，通过判断在程序运行中是否发生改变，来选择应该使用变量还是常量。学习变量和常量后，将完成计算圆的周长和面积的任务。

◎ 知识准备

PHP 的变量和常量

2.3.1　变量

与其他编程语言一样，在 PHP 中也使用变量来存储数据。变量其实就是一种使用方便的占位符，用于访问计算机内存地址，该地址可以存储代码，运行时可以更改数据。

1. 变量定义

变量就是用于临时存储值的一个容器，比如数字、文本字符、或者数组等。在 PHP 中，变量采用美元符号（$）加一个变量名的方式来表示，PHP 中不需要显示声明变量。
变量名与其他标识符一样都要遵循相同的命名规则：
（1）变量名必须以字母或下画线"_"开头。
（2）变量名只能包含字母、数字、下画线。
（3）变量名不能包含空格。
（4）PHP 是弱类型检查语言，因此变量在使用前不需要预先定义，也无须指定数据类型。

如 $hello、$_123abc、$PHP_1 是合法变量，$123、$ab#cd、$ 中国是非法变量，$lovePHP、$LovePHP 是合法变量，但属于不同的两个变量。

标识符的命名规则，是所有编程人员在书写代码时必须遵守的，一旦打破这种命名规则，编译解释器将无法通过。不仅在程序设计中，而且在日常生活中，大家都要讲规则、守规则，要内化于心、外化于行，成为一种行为自觉。

2. 变量赋值

由于 PHP 是弱类型语言，所以变量不需要事先声明，就可以直接进行赋值使用。PHP 中为变量赋值有两种方式：传值赋值和引用赋值。这两种赋值方式在对数据处理上存在很大差别。

（1）传值赋值。这种赋值方式使用"="直接将一个变量（或表达式）的值赋给另一个变量。使用这种赋值方式，等号两边的变量值互不影响，任何一个变量值的变化都不会影响另一个变量。例如：

```php
<?php
$m=100;                          // 变量 $m 赋值为 100
$n=$m;                           // 变量 $n 获得变量 $m 的值 100
$n=200;                          // 变量 $n 赋值为 200
echo " 变量 m 的值为 ".$m."<br/>";   // 输出：变量 m 的值为 100
echo " 变量 n 的值为 ".$n;          // 输出：变量 n 的值为 200
?>
```

在上述代码段中，执行"$m=100"语句时，系统会在内存中为变量 $m 开辟一个存储空间，并将 100 这个数值存入该存储空间。执行"$n=$m"语句时，系统会在内存中为变量 $n 开辟一个存储空间，并将变量 $m 指向存储空间的内容复制到变量 $n 所指向的存储空间。当执行"$n=200"语句时，系统将变量 $n 指向存储空间保存的值更改为 200，而变量 $m 指向存储空间保存的值仍然是 100。

（2）引用赋值。引用赋值同样是使用"="将一个变量的值赋给另一个变量，但是需要在等号右边的变量前面加上一个"&"符号。实际上这种赋值方式并不是真正意义上的赋值，而是一个变量引用另一个变量。在使用引用赋值的时候，两个变量将会指向内存中同一存储空间，因此任何一个变量的变化都会引起另外一个变量的变化。例如：

```php
<?php
$m=100;                          // 变量 $m 赋值为 100
$n=&$m;                          // 变量 $n 引用 $m 的地址
$n=200;                          // 变量 $n 赋值为 200
echo " 变量 m 的值为 ".$m."<br/>";   // 输出：变量 m 的值为 200
echo " 变量 n 的值为 ".$n;          // 输出：变量 n 的值为 200
?>
```

在上述代码段中，执行"$m=100"语句时，对内存操作的过程与传值赋值相同，100 这个数值存入变量 $m 存储空间。执行"$n=&$m"语句后，变量 $n 将会指向变量 $m 所占有的存储空间。相当于两个变量共用同一个存储空间。执行"$n=200"语句后，变量 $n 所指向的存储空间保存的值变为 200。此时由于变量 $m 也指向此存储空间，所以变量 $m 的值也会变为 200。

（3）可变变量。在 PHP 中定义一个变量时，变量必须有一个固定的名称。实际上 PHP 还支持一种特殊的变量使用方式——可变变量，这种变量的变量名称是由其他变量的值决定的，因此这个变量的名称是可变的。也就是说用一个变量的"值"作为另一个变量的"名"。可变变量通过两个"$$"来设置。例如：

```php
<?php
$var="age";              // 变量 $var 赋值为 age
$$var=20;                // 用 $$var 取代变量 $age，相当于 $age=20
echo $age;               // 输出变量 $age 的值为 20
?>
```

在上述代码段中，$$var 是一个可变变量，它的变量名就是它所引用的普通变量 $var 的值"age"。在使用该可变变量时，用 $$var、$age 都可以表示该可变变量，给 $$var 赋值，相当于给变量 $age 赋值，因此输出 $age 的值为 20。

（4）默认系统变量。PHP 提供了很多的默认系统变量，用于获得系统配置信息、网络请求相关信息等。PHP 默认的系统变量的名称及其作用见表 2-2。

表 2-2　PHP 默认系统变量

变量	作用
$GLOBALS	存储当前脚本中的所有全局变量，其 KEY 为变量名，VALUE 为变量值
$_SERVER	当前 Web 服务器变量数组
$_GET	存储以 GET 方法提交表单中的数据
$_POST	存储以 POST 方法提交表单中的数据
$_COOKIE	取得或设置用户浏览器 Cookies 中存储的变量数组
$_FILES	存储上传文件提交到当前脚本的数据
$_ENV	存储当前 Web 环境变量
$_REQUEST	存储提交表单中的所有请求数组，其中包括 $_GET、$_POST、$_COOKIE 和 $_SESSION 中的所有内容
$_SESSION	存储当前脚本的会话变量数组

关于 PHP 所提供的默认系统变量，可以通过调用 phpinfo() 函数进行查看。但是由于操作系统版本、服务器版本及 PHP 配置文件的差异，在不同环境下显示的内容可能会有所不同。

3. 变量的作用域

使用 PHP 语言开发的时候，几乎可以在程序任何位置声明变量，但是变量声明位置及声明方式的不同决定了变量作用域的不同。所谓的变量作用域，指的是变量在哪些范围能被使用，在哪些范围不能被使用。在 PHP 中，按照变量作用域的不同可以分为局部变量和全局变量。

（1）局部变量。局部变量是声明在某一函数体内的变量，该变量的作用范围仅限于其所在函数体的内部。如果在该函数体外部引用这个变量，系统将会认为引用的是另外一个变量。例如：

```php
<?php
$str1="outside";                   // $str1 的作用域仅限于当前主程序
function func(){
  $str2="inside";                  // $str2 的作用域仅限于当前函数
  echo '$str1='.$str1."<br/>";     // 输出结果为空
  echo '$str2='.$str2."<br/>";     // 输出结果为 inside
 }
func();                            // 调用函数 func()
echo '$str1='.$str1."<br/>";       // 输出结果为 outside
echo '$str2='.$str2."<br/>";       // 输出结果为空
?>
```

在上述代码段中，使用了自定义函数，在后面单元中有具体介绍。主程序中定义变量 $str1，作用域仅限于当前主程序；自定义函数中定义变量 $str2，作用域仅限于当前函数。因此，在自定义函数中输出变量 $str1、$str2 时，变量 $str1 的作用域不在自定义函数当中，故其结果为空，变量 $str2 的作用域在当前函数内，故输出结果为 inside。在主程序中输出变量 $str1、$str2 时，变量 $str1 的作用域在主程序当中，故输出结果为 outside，变量 $str2 的作用域不在主程序中，故其结果为空。

（2）全局变量。全局变量可以在程序的任何地方被访问，这种变量的作用范围是最广泛的。要将一个变量声明为全局变量，只需在这个变量前面加上"global"关键字（不区分大小写，也可以是 GLOBAL）。使用全局变量，就能够在函数内部引用函数外部参数，或者在函数外部引用函数内部的参数了。例如：

```php
<?php
$str1="outside";        // 定义一个变量 str1（注意：此时 $str1 是全局变量）
function local(){        // 定义一个函数 local
  global $str1;          // 将变量 str1 声明为全局变量
 echo "在 local 函数内部获得变量 str1 的值为 ".$str1."<br/>";
                         // 在 local 函数内部获得变量 str1 的值为 outside
  global $str2;          // 将变量 str2 声明为全局变量
  $str2="inside";        //local 函数内部对变量 str2 进行赋值
```

```
}
local();                          //输出 local 函数内部变量 str1 的值
echo "在 local 函数外部获得变量 str2 的值为 ".$str2;
                                  //在 local 函数外部获得变量 str2 的值为 inside
?>
```

在上述代码段中，分别定义了两个全局变量：变量 $str1 和变量 $str2，无论是在函数内输出，还在函数外输出，均能够正常输出。

注意：应用全局变量虽然能够使我们更加方便地操作变量，但有的时候变量作用域的扩大，会给开发带来麻烦，可能会产生一些预料不到的问题。在通常情况下，我们不建议使用全局变量。

（3）静态变量。在函数的局部变量里还有一个特殊的变量，叫静态变量。通常在函数内的变量，在函数结束时，会失效（生命周期结束）。如果希望该函数内的变量，在函数结束后仍然存在，就需要将这个变量声明为静态变量。将一个变量声明为静态变量的方法是在变量前面加 "static" 关键字。例如：

```
<?php
function test(){
    static $num=100;          //定义一个静态变量 $num，并赋值为 100
    echo $num."<br/>";        //输出变量 $num 的值
    $num=$num+100;            //将变量 $num 的值加 100 再次赋给变量 $num
}
test();                       //调用函数 test() 输出 100
test();                       //输出 200
test();                       //输出 300
echo $num;                    //变量 $num 的生命周期结束，不会输出任何值
?>
```

在上述代码段中，自定义函数 test() 中，定义了静态变量 $num，并赋值 100。然后输出变量 $num 的值 100，再次给变量赋值，在原有值基础上增加 100。主程序中分别调用 3 次函数 test()，可以看出第一次输出 100，第二次输出 200，第三次输出 300，由于变量 $num 被定义为静态变量，第一次调用函数后，变量 $num 的值已经变成 200，在第二次和第三次调用函数时，变量 $num 会在前一次调用的基础上，继续增加 100。另外，在主程序中输出变量 $num，因该变量作用域仅在自定义函数 test() 中，输出时生命周期已结束，故不会输出任何值。

4. 变量相关函数

为了保证 PHP 代码的安全运行，在使用一个变量之前最好检查是否已定义该变量。下面介绍两个相关的函数。

（1）empty（函数），检查变量是否为空，语法格式如下：

```
bool empty(mixed var)
```

若参数 var 是非空或非零的值，则 empty() 返回 FALSE。空字符串（""）、0、"0"、NULL、false、array()、var $ var；以及没有任何属性的对象都将被认为是空的，若参数 var 为空，则 empty() 返回 TRUE。

（2）isset() 函数，检查变量是否存在，语法格式如下：

```
bool isset(mixed var[,mixed var[,...]])
```

若参数 var 存在则返回 TRUE，否则返回 FALSE。isset() 函数只能用于变量，因为传递任何其他参数都将造成解析错误。

若使用 isset 测试一个被设置成 NULL 的变量，将返回 FALSE。同时要注意，一个 NULL 字节（"0"）并不等同于 PHP 的 NULL 常数。

2.3.2　常量

PHP 有时使用常量实现数据在内存中的存储，使用常量名实现内存数据的按名存取。常量是用一个标识符（名字）表示的简单值。在脚本执行期间不能改变常量的值。默认情况下常量为大小写敏感，按照惯例常量标识符总是用大写字母来表示的。在 PHP 中，常量分为自定义常量和预定义常量。

1. 自定义常量

在 PHP 语言中，可以用 define（）函数来定义常量。语法格式如下：

```
bool define(string name,mixed value [,bool case_insensitive])
```

其中，name 指定常量的名称，常量名与其他任何 PHP 标识符遵循同样的命名规则，value 指定常量的值；参数 bool case insensitive 指定常量名称是否区分大小写，默认值为 FALSE，即区分大小写，此项为可选参数。函数的语法格式中某个参数使用"［］"括起来，表示该参数是"可选参数"（不是必需的）。例如：

```
<?php
define("COLOR","blue");          // 定义一个常量 COLOR，值为 blue
echo COLOR ."<br/>";             // 输出常量 COLOR 的值 blue
echo color ."<br/>";             // 不能正确输出常量 COLOR 的值
define("FORM","square",TRUE);    // 定义常量 FORM，值为 square，不区
                                    分名称大小写
echo form."<br/>";               // 输出常量 form 的值 square
echo FOrm;                       // 输出常量 FOrm 的值 square
?>
```

在上述代码段中，定义了常量 COLOR，并赋值为 blue，默认常量名区分大小写。故对于常量名为 COLOR 的会正常输出，常量名为 color 无法正常输出，系统提示未定义。另外，定义了常量 FORM，并赋值 square，设置参数 TRUE 常量名不区分

大小写。故常量名 form 和常量名 FOrm 都可以正常输出，输出内容为 square。

注意：为常量命名的时候，同样需要遵循变量的命名规则，并且建议全部使用大写字母。另外，常量与变量的使用方法不同，使用常量的时候并不需要在常量前面加"$"符号。

2. 默认系统常量

与默认系统变量一样，PHP 也提供了一些默认的系统常量供用户使用。在程序中可以随时应用 PHP 的默认系统常量，但是我们不能任意更改这些常量的值。PHP 中常用的一些默认系统常量名称及其作用见表 2–3。

表 2–3　PHP 默认系统常量

名称	说明
PHP_VERSION	存储当前 PHP 的版本号
PHP_OS	存储当前服务器的操作系统
DIR	当前执行的 PHP 脚本所在的目录（PHP 5.3.0 新增）。如果用在包含文件中，则返回包含文件所在的目录
FILE	文件的完整路径和文件名。如果用在包含文件中，则返回包含文件名。自 PHP 4.0.2 起，_FILE_ 总是包含一个绝对路径，而在此之前的版本有时会包含一个相对路径
FUNCTION	函数名称。自 PHP 5.0 起本常量返回该函数被定义时的名字（区分大小写）。在 PHP 4.0 中该值总是小写字母的
CLASS	类的名称（PHP 4.3.0 新增）。自 PHP 5.0 起本常量返回该类被定义时的名字（区分大小写）。在 PHP 4.0 中该值总是小写字母的
METHOD	类的方法名（PHP 5.0.0 新增）。返回该方法被定义时的名字（区分大小写）
LINE	文件中的当前行号

2.3.3　访问表单变量

PHP 的特点之一就是可以用简单的方式处理表单数据。在 PHP 中，可以使用 $_GET、$_POST、$_REQUEST 预定义变量来处理表单数据。PHP 预定义的 $_POST 变量用于收集来自 method="post" 的表单中的值；PHP 预定义的 $_GET 变量用于收集来自 method="get" 的表单中的值。$_REQUEST 变量可用来收集通过 GET 和 POST 方法发送的表单数据。

PHP 处理表单数据

1. $_GET 变量

在 PHP 中，预定义的 $_GET 变量用于收集来自 method="get" 的表单中的值。从带有 GET 方法的表单发送的信息，对任何人都是可见的（会显示在浏览器的地址栏），并且对发送信息的量也有限制。

2. $_POST 变量

预定义的 $_POST 变量用于收集来自 method="post" 的表单中的值。从带有 POST 方法的表单发送的信息，对任何人都是不可见的（不会显示在浏览器的地址栏），并且对发送信息的量也没有限制。

3. $_REQUEST 变量

预定义的 $_REQUEST 变量包含了 $_GET、$_POST 和 $_COOKIE 的内容。$_REQUEST 变量可用来收集通过 GET 和 POST 方法发送的表单数据。

例如：分别用 POST 和 GET 方法提交表单，使用 $_GET、$_POST 和 $_REQUEST 变量接收来自表单的数据。

```
<html>
<head>
<meta charset="utf-8">
<title>访问表单变量</title>
</head>
<body>
<form action=" " method="get">
  Name:<input type="text" name="name">
  Age:<input type="text" name="age">
  <input name="btget" type="submit" value="获取GET请求数据">
</form>
<form action=" " method="post">
  Math:<input type="text" name="math">
  English: <input type="text" name="english">
  <input name="btpost" type="submit" value="获取POST请求数据">
</form>
</body>
</html>
<?php
if(isset($_GET['btget']))
  {$name=$_GET["name"];              //用 $_GET 变量收集表单数据
  $age=$_GET["age"];                 //用 $_GET 变量收集表单数据
  echo "<br/>由GET方式获取：<br/>";
  echo "Welcome".$name."<br/>";
  echo "You are".$age."years old!<br/>";
  }
if(isset($_POST['btpost']))
  {$math=$_POST["math"];             //用 $_POST 变量收集表单数据
```

```
$english=$_POST["english"];        //用 $_POST 变量收集表单数据
echo "<br/> 由 POST 方式获取: <br/>";
echo " 数学成绩: ".$math."<br/>";
echo " 英语成绩: ".$english."<br/>";
}
echo "<br/> 由 REQUEST 方式获取: <br/>";
echo $_REQUEST["math"]+$_REQUEST["english"];
                          //用 $_REQUEST 变量收集表单数据
?>
```

运行效果如图 2-7 所示。

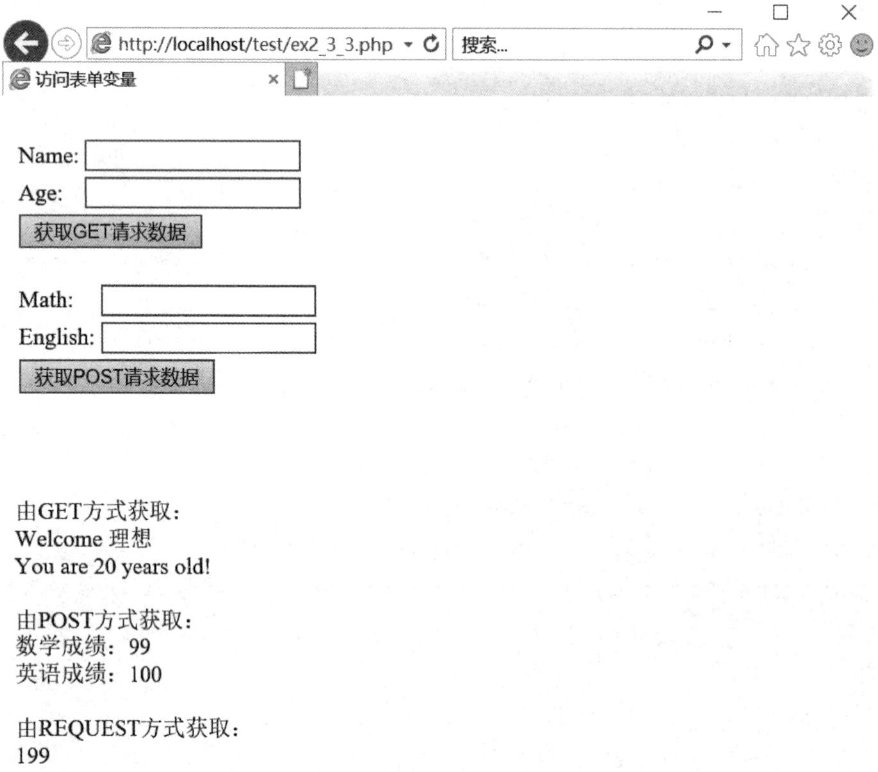

图 2-7　运行效果

在上述代码段中,使用 $_GET、$_POST 和 $_REQUEST 变量接收来自表单的数据。用 GET 方式获取姓名和年龄,用 POST 方式获取数学和英语成绩,用 REQUEST 方式获取数学和英语成绩并求和。

注意:在 HTML 表单中使用 method="get" 时,所有的变量名和值都会显示在 URL 中。所以在发送密码或其他敏感信息时,不应该使用这个方法。而 POST 方法的表单发送的信息,对任何人都是不可见的,并且对发送信息的量也没有限制。

任务实现

计算圆的周长和面积

【任务内容】

利用表单输入圆的半径，获取半径的值进行周长和面积的计算并输出。

【学习目标】

掌握利用预定义变量获取表单数据的方法，并结合变量和常量的用法，完成实际应用。

【知识要点】

（1）常量和变量的应用。

（2）表单的数据提交。

（3）预定义变量的应用。

【操作步骤】

（1）在文件面板的本地站点下新建一个空白网页文档，默认的文件名是 untitled.php，修改网页文件名为 ex2_3.php。

（2）双击网页 ex2_3.php，进入网页的编辑状态。在设计视图下，完成表单内容的设计，如图 2-8 所示。

图 2-8　表单运行效果

（3）切换到代码视图下，输入以下 PHP 代码：

```html
<!doctype html>
<html>
<head>
<meta charset="utf-8">
<title>计算圆的周长和面积</title>
</head>
<body>
<form name="form1"method="post"action="">
  输入圆的半径：<input type="text" name="bj" id="textfield">
  <input type="submit"name="bt"id="button"value="计算">
</form>
</body>
</html>
<?php
```

```
define("PI",3.14);
if(isset($_POST['bt']))
{$bj=$_POST["bj"];
 $perimeter=2*PI*$bj;
 $area=PI*$bj*$bj;
 echo "<br/> 圆的周长是：".$perimeter."<br/>";
 echo " 圆的面积是：".$area."<br/>";
}
?>
```

【预览效果】

预览效果如图 2-9 所示。

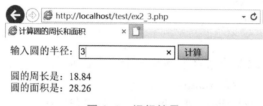

图 2-9　运行结果

任务 2.4　从计算器程序中学习运算符和表达式

任务描述

在程序开发中，经常需要将运算符和表达式配合使用，来完成编程的某种需求。运算符的合理应用，在程序设计中起到很重要的作用。本次任务将通过运算符和表达式来实现计算器的程序设计。

知识准备

运算符是数据操作的符号，是表达式另外一个重要组成部分。PHP 运算符可以根据操作数的个数分为一元运算符、二元运算符、三元运算符。一元运算符如！（取反运算符）或 ++（加一运算符）；PHP 支持的大多数运算符如 +、-、*、/ 等这种二元运算符；而三元运算符只有一个（？:）。另外按运算符的功能去分类，可以分为算术运算符、字符串运算符、赋值运算符、比较运算符、逻辑运算符和其他运算符等。

2.4.1　算术运算符

算术运算符是处理四则运算（加、减、乘、除四种运算）的符号，也是最简单和最常用的运算符号。算术运算符见表 2-4。

运算符和表达式（一）

表 2-4　算术运算符及其说明

运算符名称	操作符	用法	结果
取反	–	–$a	$a 的负值
加法运算	+	$a+$b	$a 和 $b 的和
减法运算	–	$a-$b	$a 和 $b 的差
乘法运算	*	$a*$b	$a 和 $b 的积
除法运算	/	$a/$b	$a 除以 $b 的商
取余数运算	%	$a%$b	$a 除以 $b 的余数
自增运算	++	$a++	先返回 $a 的值，然后 $a 自身加 1
		++$a	先 $a 自身加 1，然后返回 $a 的值
自减运算	--	$a--	先返回 $a 的值，然后 $a 自身减 1
		--$a	先 $a 自身减 1，然后返回 $a 的值

例如：

```php
<?php
$a=-100;
$b=50;
$c=-30;
echo '$a='.$a.',$b='.$b.',$c='.$c.'<br/>';    //输出：$a=-100,$b=50,
                                                $c=-30
echo '$a+$b='.($a+$b).'<br/>';                 //输出：$a+$b=-50
echo '$a-$b='.($a-$b).'<br/>';                 //输出：$a-$b=-150
echo '$a*$c='.($a*$c).'<br/>';                 //输出：$a*$c=3000
echo '$a/$b='.($a/$b).'<br/>';                 //输出：$a/$b=-2
echo '$b%$c='.($b%$c).'<br/>';                 //输出：$b%$c=20
echo '$a%$c='.($a%$c).'<br/>';                 //输出：$a%$c=-10
echo $b++.'<br/>';                             //输出：50
echo ++$b.'<br/>';                             //输出：52
?>
```

在上述代码段中，进行四则运算时，运算顺序要遵循数学中"先乘除后加减"的原则。使用 % 求余，如果被除数（$a）是负数，那么取得的结果也是一个负值。使用"++""--"主要是对整型数据进行操作，同时对字符也有效。运算时，需注意符号与变量间的位置。

2.4.2 赋值运算符

最基本的赋值运算符是"="，用于对变量进行赋值操作，而其他运算符可以和赋值运算符"="联合使用，构成组合赋值运算符。赋值运算符是把基本赋值运算符"="右边的值赋给左边的变量。赋值运算符见表 2-5。

表 2-5 赋值运算符及其说明

运算符名称	操作符	用法	展开形式	结果
赋值	=	$a=2	$a=2	将右边表达式的值赋给左边的变量
加等于	+=	$a+=2	$a=$a+2	将运算符左边的变量加上右边表达式的值赋给左边的变量
减等于	-=	$a-=2	$a=$a-2	将运算符左边的变量减去右边表达式的值赋给左边的变量
乘等于	*=	$a*=2	$a=$a*2	将运算符左边的变量乘以右边表达式的值赋给左边的变量
除等于	/=	$a /=2	$a=$a/2	将运算符左边的变量除以右边表达式的值赋给左边的变量
拼接字符等于	.=	$a.='2'	$a=$a.'2'	将右边的字符追加到左边
取余数等于	%=	$a%=2	$a=$a%2	将运算符左边的变量用右边表达式的值求模，并将结果赋给左边的变量

例如：

```php
<?php
$a=9;
$b=6;
echo '$a='.$a.',$b='.$b.'<br/>';            // 输出：$a=9,$b=6
echo '$a+=$b 的值为 '.($a+=$b).'<br/>'; // 输出：$a+=$b 的值为 15
echo '$a-=$b 的值为 '.($a-=$b).'<br/>'; // 输出：$a-=$b 的值为 9
echo '$a*=$b 的值为 '.($a*=$b).'<br/>'; // 输出：$a*=$b 的值为 54
echo '$a/=$b 的值为 '.($a/=$b).'<br/>'; // 输出：$a/=$b 的值为 9
?>
```

在上述代码段中，"="表示赋值运算符，而非数学意义上的相等关系。需要注意的是，除"="外的其他运算符均为特殊赋值运算符。"$a+=$b"等价于"$a=$a+$b"，其他赋值运算符的等价关系可以此类推。赋值运算符可以让程序更精简，增加程序的执行效率。

2.4.3　字符串运算符

字符串运算符只有一个，即英文的句号 "."，它可以将两个字符串连接起来，拼接成一个新的字符串。使用过 C 或 Java 语言的读者应注意，PHP 里的 "+" 只能用作算术运算符，而不能用作字符串运算符。

例如：

```php
<?php
$str1='PHP';
$str2=' 程序设计 ';
$str3=$str1.$str2;
echo $str3;                    // 输出：PHP 程序设计
?>
```

在上述代码段中，"."是将两个字符串连接后，生成新的字符串赋给变量 $str3，并输出。有时 ".=" 也会以特殊赋值运算符的形式出现，如 "$str1.=$str2"，相当于 "$str1=$str1.$str2"，是将两个变量的值连接后再赋给左边变量 $str1 中。

2.4.4　比较运算符

比较运算符用来对两个表达式的值进行比较，比较的结果是一个布尔值（TRUE 或 FALSE）。如果表达式是数值，则按照数值大小进行比较；如果表达式是字符串，则按照每个字符所对应的 ASCII 值比较。比较运算符见表 2-6。

运算符和表达式（二）

表 2-6　PHP 中的比较运算符

运算符名称	操作符	用法	比较结果
等于	==	$a==$b	如果 $a 与 $b 的值相等，结果为 TRUE；否则为 FALSE
全等	===	$a===$b	如果 $a 与 $b 的值相等，且它们的类型也相同，结果为 TRUE；否则为 FALSE
不等	!=	$a!=$b	如果 $a 与 $b 的值不相等，结果为 TRUE；否则为 FALSE
	<>	$a<>$b	
非全等	!==	$a!==$b	如果 $a 与 $b 的值不相等，或者它们的数据类型不同，结果为 TRUE；否则为 FALSE
小于	<	Sa<$b	如果 $a 的值小于 $b 的值，结果为 TRUE；否则为 FALSE
大于	>	$a>$b	如果 $a 的值大于 $b 的值，结果为 TRUE；否则为 FALSE
小于等于	<=	$a<=$b	如果 $a 的值小于等于 $b 的值，结果为 TRUE；否则为 FALSE
大于等于	>=	$a>=$b	如果 $a 的值大于等于 $b 的值，结果为 TRUE；否则为 FALSE

例如：

```php
<?php
$x=100;
$y="100";
$z="200";
var_dump($x==$y);                   // 输出：bool(true)
echo "<br/>";
var_dump($x===$y);                  // 输出：bool(false)
echo "<br/>";
var_dump($x!=$y);                   // 输出：bool(false)
echo "<br/>";
var_dump($x!==$y);                  // 输出：bool(true)
echo "<br/>";
var_dump($y!=$z);                   // 输出：bool(true)
echo "<br/>";
$a=10;
$b=20;
var_dump($a>$b)                     // 输出：bool(false)
echo "<br/>";
var_dump($a<$b);                    // 输出：bool(true)
?>
```

在上述代码段中，整数和字符串进行比较时，字符串会被转换成整数后，再进行比较。所以 100=="100"，结果为 TRUE。100!="100"，结果为 FALSE。如果比较两个数字字符串 "100"!="200"，会将数字字符串转换成整数后，再进行比较，所以 "100"!="200"，结果为 TRUE。另外，全等 "==="和不全等 "!=="运算符使用时，要额外考虑数据类型是否相等问题。

2.4.5 逻辑运算符

逻辑运算符用来组合逻辑运算的结果，其返回值为布尔值（TRUE 或 FALSE）。逻辑运算经常用在条件判断和循环处理中。逻辑运算符见表 2-7。

表 2-7 逻辑运算符及其说明

运算符名称	操作符	用法	结果
与	and	$a and $b	如果 $a 和 $b 都为 TRUE，则返回 TRUE
或	or	$a or $b	如果 $a 和 $b 至少有一个为 TRUE，则返回 TRUE
异或	xor	$a xor $b	如果 $a 和 $b 有且仅有一个为 TRUE，则返回 TRUE

运算符名称	操作符	用法	结果
与	&&	$a && $b	如果 $a 和 $b 都为 TRUE，则返回 TRUE
或	||	$a || $b	如果 $a 和 $b 至少有一个为 TRUE，则返回 TRUE
非	!	!$a	如果 $a 不为 TRUE，则返回 TRUE

例如：

```php
<?php
$a=300>200;
$b=300>400;
var_dump($a&&$b);                    // 输出：bool(false)
echo "<br/>";
var_dump($a||$b);                    // 输出：bool(true)
echo "<br/>";
var_dump(!$b);                       // 输出：bool(true)
echo "<br/>";
var_dump($a and $b);                 // 输出：bool(false)
echo "<br/>";
var_dump($a or $b);                  // 输出：bool(true)
echo "<br/>";
var_dump($a xor $b);                 // 输出：bool(true)
?>
```

在上述代码段中，"&&""||"和"and""or"的功能相同，但是前者比后者优先级别高，建议使用前者。对于"与"操作，只有当运算符号两边都为"真"时，结果才为真，其他情况全为"假"。对于"或"操作，只有当运算符号两边都为"假"时，结果为假，其他情况全为"真"。

注意：使用"与"和"或"这两种操作时，要注意短路现象。&&（and），如果第一个表达式的值就不成立，那么程序不会执行第二个表达式，即左边表达式的值为FALSE，则右边表达式不会执行，逻辑运算结果为FALSE。||（or），如果第一个表达式的值成立，那么程序不会执行第二个表达式，即左边表达式的值为TRUE，则右边表达式不会执行，逻辑运算结果为TRUE。

2.4.6　位运算符

位运算符主要用于整型数据的运算，当表达式包含位运算符时，运算时会先将各整型数据转换为相应的二进制数，然后进行位运算。位运算符及其说明见表 2-8。

表 2-8　位运算符及其说明

运算符名称	操作符	用法	结果
按位与	&	Sa&$b	$a 与 $b 位值都为 1 时，结果为 1；否则为 0
按位或			$a|$b	$a 与 $b 位值都为 0 时，结果为 0；否则为 1
按位异或	^	Sa^$b	$a 与 $b 位值中只有一个为 1 时，结果为 1；否则为 0
按取反非	~	~$a	$a 中为 0 的位，结果为 1；$a 中为 1 的位，结果为 0
右移	>>	$a>>$b	$a 中的位向右移动 $b 次（每一次移动都表示 $a 除以 2）
左移	<<	$a<<$b	$a 中的位向左移动 $b 次（每一次移动都表示 $a 乘以 2）

例如：

```php
<?php
$a=4.
$b=5;.
echo $a&$b;                    // 输出：4
echo "<br/>";
echo $a|$b;                    // 输出：5
echo "<br/>";
echo $a^$b;                    // 输出：1
echo "<br/>";
echo ~$b;                      // 输出：-6
echo "<br/>";
echo $a<<2;                    // 输出：16
echo "<br/>";
echo $b>>1;                    // 输出：2
?>
```

在上述代码段中，向任何方向移出去的位都被丢弃。左移时右侧以零填充，符号位被移走意味着正负号不被保留。右移时左侧以符号位填充，意味着正负号被保留。

注意：运算中的数据类型转换。如果左右参数都是字符串，则位运算符将对字符的 ASCII 值进行操作。

2.4.7　其他运算符

除了上述的运算符号之外，还有一些难以归类的、用于其他用途的运算符，其具体含义见表 2-9。

表 2-9　其他运算符及其说明

符号	意义	符号	意义
$	用于定义变量	->	引用对象的方法或者属性
&	变量的地址（加在变量前引用变量）	=>	用于给数组元素赋值
@	屏蔽错误信息（加在函数前）	?:	条件运算符，条件表达式

1. 错误抑制运算符 "@"

当 PHP 表达式产生错误而又不想将错误信息显示在页面上时，可以使用错误抑制运算符 "@"。将 "@" 运算符放置在 PHP 表达式之前，该表达式产生的任何错误信息将不会输出。

例如：

```php
<?php
print $name;        //显示变量未定义的notice信息
echo "<br/>";
@print $name;       //@将屏蔽$name变量没有定义的notice信息
?>
```

在上述代码段中，"print $name;" 会将错误信息输出到页面上，"@print $name;" 使用错误控制运算符后就不再显示这些错误信息了。由于错误控制运算符只对表达式有效，可以将它放在变量、函数、常量等之前，而不能将它放在函数的定义或类的定义之前，也不能用于条件结构，如 if 和 foreach 等。

注意：错误控制运算符@甚至能够使导致脚本终止这样的严重错误的错误报告也失效。这意味着如果在某个不存在或类型错误的函数调用前用 "@" 来抑制错误信息，则脚本不会显示程序在哪里出错的任何信息，这将给程序的调试造成很大的麻烦，所以使用 "@" 符号时要特别慎重。

2. 条件运算符 "? ："

它是一种三元运算符，与 C 语言中的用法相同。语法格式如下：

```
(expr1)?(expr2):(expr3);
```

表示如果 expr1 的运算结果为 TRUE，则执行 expr2；否则执行 expr3。实际上它与 if…else 语句类似，但可以让程序更为精简。

例如：

```php
<?php
$x=0;
$y=($x==0)?"zero":"not zero";   //判断变量$x的值是否与0相等，并将
                                  结果返回变量$y
echo $y;                         //输出：zero
?>
```

在上述代码段中，变量 $x 的值与 0 相等，返回"zero"，并将结果赋给变量 $y，此时，输出变量 $y 的值为"zero"。

PHP 中的运算符是十分丰富的，而且使用起来也很灵活。

2.4.8　运算符的优先级

一个复杂的表达式往往包含了多种运算符，表达式运算时，运算符优先级的不同，各运算符执行的顺序也不相同，高优先级的运算符会先被执行，低优先级的运算符会后被执行。PHP 中各运算符的优先级由高到低的顺序见表 2-10。在实际编程过程中，使用括号"()"是避免优先级混乱的最有效方法。

表 2-10　运算符的优先级

结合方向	运算符	附加信息
非结合	clone, new	clone 和 new
右	**	算术运算符
非结合	++, --	递增 / 递减运算符
非结合	~, (int), (float), (string), (array), (object), (bool), @	类型
非结合	instanceof	类型
右结合	!	逻辑操作符
左	*, /, %	算术运算符
左	+, -	算术运算符和字符串运算符
左	<<, >>	位运算符
非结合	<, <=, >, >=, <>	比较运算符
非结合	==, !=, ===, !==	比较运算符
左	&	位运算符和引用
左	^	位运算符
左	|	位运算符
左	&&	逻辑运算符
左	||	逻辑运算符
左	? :	三元运算符
右	=, +=, -=, *=, /=, .=, %=, &=, |=, ^=, <<=, >>=	赋值运算符
左	and	逻辑运算符
左	xor	逻辑运算符
左	or	逻辑运算符

对具有相同优先级的运算符来说，从左向右的结合方向意味着将从左向右求值，从右向左结合方向则反之。对于无结合方向的则具有相同优先级的运算符，该运算符有可能无法与其自身结合。例如在 PHP 中 1<2>1 是一个非法语句，而 1<=1==1 则不

是，因为 <= 比 == 优先级高。

对于普通人来说，在日常学习、工作和生活中，也需要学会处理事情优先级。做事有条理、能够分清事务的轻重缓急、主要次要，也是一个人能力的体现。在优先级管理中有一种方法——"四象限"法。可以把日常生活中的事情，划分为四个象限，四象限分别是紧急重要、重要不紧急、紧急不重要、不重要不紧急，根据划分，可以合理安排好自己的时间，处理事务会清晰很多，做事情也会事半功倍。

2.4.9　表达式

表达式是构成 PHP 程序语言的基本元素，也是 PHP 最重要的组成元素，就好像盖房子，少不了根基一样。在 PHP 中，写的绝大多数语句都是由表达式构成的。

在学习中，也要打好基础和根基，很多新技术、新名词固然诱人，可是如果基础不扎实，就像在云里雾里行走一样，只能看到眼前，不能看到更远的地方。想真正学习技术还是要走下云端，扎扎实实地把基础知识学好，这样今后学习和工作才会轻松应对，新技术也将更容易掌握。

表达式是由操作数、操作符以及括号等所组成的合法序列。最基本的形式就是常量和变量，例如：

```
$num=100;
```

将值 100 赋给变量 $num。在 PHP 中，赋值操作的顺序是由右到左的，并使用分号 ";" 来区分表达式和语句，一个表达式加一个分号，就构成了一条 PHP 语句。以下均为合法的表达式构成的语句：

```
$a=$b+$c;
$c=add($a,$b);
$num=sqrt(100);
$z=($x>$y)?$x:$y;
```

注意："$a=$b+$c" 为表达式，"$a=$b+$c;" 则为一条语句，一定要分清楚。

◉ 任务实现

简易计算器制作

【任务内容】
设计一个计算器程序，实现简单的加、减、乘、除四种运算。
【学习目标】
掌握变量、运算符与表达式的语法知识，并学会使用 PHP 处理表单数据，实现数据的提交。
【知识要点】
（1）变量的应用。

（2）运算符和表达式。

（3）初识条件分支语句。

【操作步骤】

（1）在文件面板的本地站点下新建一个空白网页文档，默认的文件名是 untitled.php，修改网页文件名为 ex2_4.php。

（2）双击网页 ex2_4.php，进入网页的编辑状态。在设计视图下，完成表单内容的设计，如图 2-10 所示。

图 2-10   表单运行效果

（3）切换到代码视图下，输入以下 PHP 代码：

```html
<!DOCTYPE html>
<html>
<head>
<meta charset="utf-8">
<title>简易计算器</title>
</head>
<body>
<form method=post>
    <table>
        <tr>
            <td>
                <input type="text"size="4"name="number1">
                <select name="caculate">
                    <option value="+">+
                    <option value="-">-
                    <option value="*">*
                    <option value="/">/
                </select>
                <input type="text"size="4"name="number2">
                <input type="submit"name="ok"value=" 计算 ">
            </td>
        </tr>
    </table>
</form>
```

```
</body>
</html>
<?php
    if(isset($_POST['ok']))
    {
        $number1=$_POST['number1']           // 得到数 1
        $number2=$_POST['number2']           // 得到数 2
        $caculate=$_POST['caculate']         // 得到运算的动作
        if($caculate=="+"                    // 如果为加法则相加
            $answer=$number1+$number2;
        if($caculate=="-"                    // 如果为减法则相减
            $answer=$number1-$number2;
        if($caculate=="*"                    // 如果为乘法则相乘
            $answer=$number1*$number2;
        if($caculate=="/")
            $answer=$number1/$number2        // 如果为除法则相除
        echo "<script>alert('".$number1.$caculate.$number2."=".
$answer."')</script>";
    }
?>
```

【预览效果】

预览效果如图 2-11、图 2-12 所示。

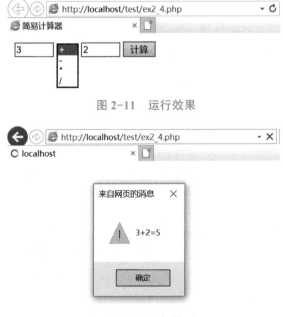

图 2-11　运行效果

图 2-12　运行结果

任务 2.5　从成绩等级评定程序中学习分支结构

◎ 任务描述

所有编程语言在编写时都要遵照语言结构和流程控制,它们控制了整个程序运行的步骤。流程控制包括顺序控制、条件控制和循环控制。

所谓顺序控制,就是正常的代码执行顺序,从上到下、从头到尾依次指定每条语句,顺序控制只能按顺序执行,不能进行判断和选择;条件控制根据给定的条件,判断是否成立,并执行不同的操作,从而改变代码的执行顺序;循环控制是在某种条件下,重复执行某个语句块,用以解决反复执行的操作。

条件控制和循环控制需要通过语句来实现,下面带着任务——成绩等级评定程序的设计,先来学习条件控制语句。

◎ 知识准备

条件控制语句可以使程序根据某个或某些条件进行判断,然后有选择性地执行或不执行某些代码语句。所有条件控制语句都是通过判断条件表达式的结果来选择执行哪个分支语句的,条件表达式一般返回 TRUE 和 FALSE。常见的条件控制语句包括 if 语句和 switch 语句。

条件控制语句

2.5.1　if 语句

if 语句是最常用的选择语句,它根据表达式的值来选择要执行的语句,语法格式如下:

```
if(expr)
    {statements}
```

当执行上述 if 语句时,首先对表达式 expr 求布尔值。若 expr 的值为 TRUE,则执行语句 statements;若 expr 的值为 FALSE,则将忽略语句 statements。statements 可以是单条语句或多条语句;若是多条语句,则应使用花括号 {},将这些语句括起来以构成语句组。

在 PHP 编程语言中也允许条件表达式使用数字、字符串来代替布尔值使用,例如:一个空字符串"" 相当于 FALSE,数字 0 也相当于 FALSE,非 0 的数字相当于 TRUE 等。

例如:

```
<?php
$num=20;
```

```
if($num%2==0)                    //判断变量 $num 是否能被 2 整除
    echo "$num"." 是一个偶数 ";  //输出：20 是一个偶数
?>
```

2.5.2　if ⋯ else 语句

上述 if 语句属于单分支语句，只有满足条件时，执行一组语句，对于不满足条件时，不进行处理。若在不满足条件时，想执行另一组语句，就要使用双分支结构，语法格式如下：

```
if(expr)
    {statements1}
else
    {statements2}
```

当执行上述 if⋯else 语句时，首先对表达式 expr 求布尔值。若 expr 的值为 TRUE，则执行语句 statements1；若 expr 的值为 FALSE，将执行语句 statements2。其中，statements1 和 statements2 可以是单条语句或语句组。

例如：

```
<?php
$num=20;
if($num%2==0)                    //判断变量 $num 是否能被 2 整除
  echo "$num"." 是一个偶数 ";    //输出：20 是一个偶数
else
  echo "$num"." 是一个奇数 ";    //判断变量 $num 为奇数时，输出该语句
?>
```

在上述代码段中，可以看出，程序中根据条件（判断变量 $num 是奇数还是偶数），可以选择不同分支，执行不同的操作（输出奇数或偶数）。

在人生的旅途中，很多时候人们也要做选择，选择有可能是主动的，也有可能是被动的。往往在选择中，很多人被迫放弃一些自己想要的东西，当面临个人利益与集体利益乃至国家利益相冲突时，他们选择了国家和集体。这样的人是伟大的，值得尊敬的，是我们学习的榜样。

2.5.3　if ⋯ elseif 语句

PHP 还提供了关键字 elseif，若同时判断多个条件时，则需要使用 elseif 来扩展 if 语句，语法格式如下：

```
if(expr1)
   {statements1}
```

```
elseif(expr2)
    {statements2}
else
    {statements3}
```

当执行上述 if…elseif 语句时，首先对表达式 expr1 求布尔值。若 expr1 的值为 TRUE，则执行语句 statements1；否则对 expr2 求布尔值。若 expr2 的值为 TRUE，则执行语句 statements2；否则，执行语句 statements3。其中 statements1、statements2 和 statements3 可以是单条语句或语句组。

例如：

```
<?php
$hour=date("H");              // 获取当前系统日期时间中的小时
if($hour>0&&$hour<=6)         // 判断变量 $hour 为 0~6
    echo "现在是凌晨";
elseif($hour>6&&$hour<=11)    // 判断变量 $hour 为 6~11
    echo "现在是上午";
elseif($hour>11&&$hour<=13)   // 判断变量 $hour 为 11~13
    echo "现在是中午";
elseif($hour>13&&$hour<=16)   // 判断变量 $hour 为 13~16
    echo "现在是下午";
elseif($hour>16&&$hour<=18)   // 判断变量 $hour 为 16~18
    echo "现在是傍晚";
else
    echo "现在是晚上";
?>
```

在上述代码段中，通过调用 date() 函数格式化一个当前系统的日期时间，按 date("H") 格式要求，返回一个 24 小时格式的两位数字。程序中，将 1 天 24 小时划分为 6 个时间段，当获取到的系统时间在前 5 个相应区间范围时，输出对应的时间段。否则，上述条件都不满足时，输出"现在是晚上"。

注意：上述三种基本结构中，如果在 statement 语句体中还有 if…else…语句，就构成语句的嵌套。在使用嵌套 if…else…语句时，一定要注意 else 和 if 匹配、{ 和 } 的匹配。只有 else 语句没有 if 的语句是不合法的。

2.5.4 switch … case 语句

嵌套的 if…else…语句可以处理多分支流程，但使用起来比较烦琐而且不太清晰，为此 PHP 中又引进了 switch 语句。语法格式如下：

```
switch(expr){
  case expr1:
```

```
    statements1
    break;
case expr2:
    statements2
    break;
…
default:
    statementsN
}
```

功能：当程序执行碰到 switch 语句时，它会计算表达式的值（该表达式的值不能为数组或对象），然后与 switch 语句中 case 子句所列出的值逐一进行 "=="比较（两个等号的比较），如有匹配，那么与 case 子句相连的语句体将被执行，直到遇到 break 语句时才跳离当前的 switch 语句；如果没有匹配，default 语句将被执行（default语句在 switch 语句中不是必需的）。

例如：

```
<?php
 $d=date("D");                          // 获取星期中的第几天，返回值 Mon~Sun
 switch($d){
     case"Mon":
         echo "今天星期一 <br/>";
         break;
     case"Tue":
         echo "今天星期二 <br/>";
         break;
     case"Wed":
         echo "今天星期三 <br/>";
         break;
     case"Thu":
         echo "今天星期四 <br/>";
         break;
     case"Fir":
         echo "今天星期五 <br/>";
         break;
     case"Sat":
         echo "今天星期六 <br/>";
         break;
     default:
         echo "今天星期日 <br/>";
```

```
  }
?>
```

在上述代码段中，通过 switch 语句，实现输出今天是星期几的功能。程序中使用了 date("D") 函数计算今天是星期几。如果当前时间为 Mon（星期一）～ Sat（星期六）时，程序的运行结果是输出对应的星期；如果上述都不满足，则执行 default 后面的语句体，输出"今天星期日"。从整个程序段中，break 语句的作用是跳离当前的 switch 语句，防止进入下一个 case 语句或 default 语句。如果某个 case 语句中省略了 break 语句，程序有可能会导致功能混乱。

注意：使用 switch 语句可以避免冗长的 if…elseif…else 代码块。在设计 switch 语句时，要将出现概率最大的条件放在最前面，最少出现的条件放在最后面，可以增加程序的执行效率。但考虑程序的可读性，一般而言，当程序中条件分支较少时，用 if 语句程序看起来比较直观；当程序中条件较多时，可以选择 switch 语句。

任务实现

成绩等级评定程序制作

【任务内容】

设计一个程序，判断学生某门课程的成绩等级，90 ～ 100 分（包括 90 分）的成绩等级为"优"，80 ～ 89 分（包括 80 分）的成绩等级为"良"，70 ～ 79 分（包括 70 分）的成绩等级为"中"，60 ～ 69 分（包括 60）的成绩等级为"及格"，60 分以下的成绩等级"不及格"。

【学习目标】

掌握变量、运算符与表达式、if 语句的语法知识，并学会使用 PHP 处理表单数据，实现数据的提交。

【知识要点】

（1）变量的应用。

（2）运算符和表达式。

（3）if 语句。

【操作步骤】

（1）在文件面板的本地站点下新建一个空白网页文档，默认的文件名是 untitled.php，修改网页文件名为 ex2_5.php。

（2）双击网页 ex2_5.php，进入网页的编辑状态。在设计视图下，完成表单内容的设计，如图 2-13 所示。

图 2-13　表单运行效果

（3）切换到代码视图下，输入以下 PHP 代码：

```
<!doctype html>
<head>
<meta charset="utf-8">
<title> 成绩等级评定 </title>
</head>
<body>
<form method="post">
<input type="text"name="score">
<input type="submit"name="button"value=" 评定结果 ">
</form>
<?php
if(isset($_POST['button']))          //判断评定结果按钮是否按下
{   $score=$_POST["score"];
if($score>=90&&$score<=100)
    $grade=" 优秀 ";
elseif($score>=80)
    $grade=" 良好 ";
elseif($score>=70)
    $grade=" 中等 ";
elseif($score>=60)
    $grade=" 及格 ";
else
    $grade=" 不及格 ";
echo " 课程成绩是： ".$score."<br>"." 成绩等级是： ".$grade;
}
?>
</body>
</html>
```

【预览效果】

预览效果如图 2-14 所示。

图 2-14 运行结果

任务 2.6 从打印九九乘法表程序中学习循环结构

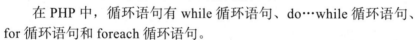 任务描述

在不少实际问题中，有许多具有规律性的重复操作，在程序中会对应出现重复执行的语句，一组被重复执行的语句称为循环体；能否继续重复，决定于循环的终止条件。例如，大家非常熟悉的 100 以内数字求和、动态生成表格、求解数学问题中的解等。可见，循环结构在解决重复执行的语句，应用尤为广泛。下面带着任务——九九乘法表的制作，来学习循环结构。

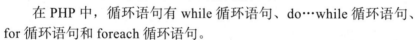 知识准备

在编写代码时，经常需要反复运行同一代码段。可以使用循环来执行这样的任务，而不是在脚本中添加若干几乎相等的代码行。在循环语句中，一组被重复执行的语句称为循环体。

在 PHP 中，循环语句有 while 循环语句、do…while 循环语句、for 循环语句和 foreach 循环语句。

循环控制语句

2.6.1 while 语句

while 循环语句是 PHP 中最简单的循环控制语句，只要指定的条件成立，while 语句将重复执行循环体，语法格式如下：

```
while(expr) {
statements
}
```

当条件表达式 expr 的值为 TRUE 时，将执行循环体 statements 的内容，执行结束后，再返回表达式 expr 继续进行判断，直到表达式 expr 的值为 FALSE，才跳出循环，执行大括号后的语句。若条件表达式 expr 第一次判断就为 FALSE 时，循环体将一次不执行。

例如：

```
<?php
$i=1;
$sum=0;
```

```
while($i<=100) {              // 判断变量 $i 是否小于等于 100
    $sum=$sum+$i;             // 累加每循环一次变量 $i 的值
    $i++;                     // 变量 $i 自动增 1
}
echo "1+2+…+100=".$sum;       // 输出: 1+2+…+100=5050
?>
```

　　上述代码段，是循环语句中的经典实例，计算 1+2+…+100=？，每个初学者接触的第一个循环语句。通过判断条件表达式 $i<=100，决定是否执行循环体，条件为假时退出循环，最终输出 1+2+…+100=5 050。整个程序共计循环 100 次，循环结束时变量 $i 为 101。

2.6.2　do…while 语句

　　do…while 循环首先会执行一次循环体，然后检查条件表达式，如果指定条件为真，则重复循环，语法格式如下：

```
do{
statements
}while(expr);
```

　　先执行一次循环体 statements，再对表达式 expr 进行判断，当表达式为 TRUE 时，将执行 statements 语句的内容，直到表达式的值为 FALSE，才跳出循环。所以 do…while 循环语句，循环体至少执行一次。

　　例如：

```
<?php
$i=1;
$sum=0;
do{
    $sum=$sum+$i;            // 累加每循环一次变量 $i 的值
    $i++;                    // 变量 $i 自动增 1
}while($i<=100);            // 判断变量 $i 是否小于等于 100
echo "1+2+…+100=".$sum;     // 输出: 1+2+…+100=5050
?>
```

　　上述代码段，与 while 语句的例子类似，只是先执行一次循环体，再进行条件表达式 $i<=100 的判断。直到条件为假，结束循环。输出结果是 1+2+…+100=5 050。

　　注意：while 循环语句和 do…while 循环语句执行流程相似，但由于 while 语句的条件表达式判断在执行循环体之前，因此有可能一次不执行；而 do…while 语句对条件表达式的判断是在执行循环体之后，因此 do…while 语句的循环体至少执行一次。

　　另外，do…while 循环语句后面必须加上分号";"作为该语句结束。

2.6.3　for 语句

for 循环语句是 PHP 中最复杂的循环控制语句，for 循环能够按照已知的循环次数进行循环操作，主要应用于多条件的循环操作，语法格式如下：

```
for(expr1;expr2;expr3){
statements
}
```

for 循环语句中有三个表达式，中间用分号 “;” 分隔。通常情况下，expr1 为变量赋初始值；expr2 为循环条件表达式，即在每次循环开始前进行条件判断，若为 TRUE，执行 statements，否则跳出循环；expr3 对变量递增或递减，即每次循环后被执行。

for 循环语句的执行过程：先执行 expr1（仅执行 1 次）；然后判断循环条件表达式 expr2 是否成立，若成立，则执行循环体 statements，否则跳出循环结构；正常执行完循环体之后，回到表达式 expr3（通常是对循环变量进行计数）执行；再转到条件表示式 expr2 判断是否继续循环。

例如：

```php
<?php
$big=1;
$small=1;
for($i=1;$i<=365;$i++) {           //判断变量 $i 是否小于等于 365
    $big=1.1*$big;                 //计算 1.1 的 365 次累积
    $small=0.9*$small;            //计算 0.9 的 365 次累积
}
echo "每天积累一点点，一年后 1.1 将变成 ".$big."<br/>";
echo "每天懈怠一点点，一年后 0.9 将变成 ".$small."<br/>";
echo "最终你将发现：".$small."<<".$big;
echo "<h1><font color=red>不积跬步，无以至千里；不积小流，无以成江海。
</font></h1>";
?>
```

在上述代码段中，利用 for 循环语句分别实现 1.1 和 0.9 的 365 次幂。每循环一次，两者分别做一次幂运算。共循环 365 次，第 366 次即 $i=366 时，循环结束，最终分别输出两个变量 $big 和 $small 的值。

可以看出两个变量的初始值差别并不大，但经过 365 次的乘积后：

1.1*1.1*1.1*…将扩大到 1.283 305 580 313 4E+15（一个非常庞大的数字）

0.9*0.9*0.9*…将缩小到 1.988 455 816 272 6E-17

这就像日常积累一样，每天进步一点点，完成既定小目标，最终会赢得人生的“大满足”。

三种循环语句的区别如下：

（1）while：只要指定条件为真，则执行循环体，有可能一次不执行。

（2）do…while：先执行一次循环体，然后只要指定条件为真则重复循环，至少执行一次。

（3）for：语句灵活，固定循环次数下经常使用。

在很多时候三种循环语句是可以互相替换的。但不管使用哪种语句，循环结束条件必须要有，否则会导致死循环。在 PHP 中，还提供了一种特殊的循环语句 foreach 语句，是专门用于遍历数组的，在后面单元中会详细介绍。

2.6.4　循环语句的嵌套

一个循环体内又包含另一个完整的循环结构，称为循环嵌套。内嵌的循环中还可以嵌套循环，这就是多层循环。三种循环（while 循环、do…while 循环、for 循环）可以互相嵌套。下面几种都是合法的形式：

```
(1) while()
{
 …
 while()       ⎤
 { … }         ⎦ 内层循环
 …
}
```

```
(2) do
{
 …
 do
 { … }         ⎤
 while();      ⎦ 内层循环
 …
}whilie();
```

```
(3) for(;;)
{
 …
 for(;;)       ⎤
 { … }         ⎦ 内层循环
 …
}
```

```
(4) while()
{
 …
 do
 { … }         ⎤
 while();      ⎦ 内层循环
 …
}
```

```
(5) for(;;)
{
 …
 while()       ⎤
 { … }         ⎦ 内层循环
 …
}
```

```
(6) do
{
 …
 for(;;)       ⎤
 { … }         ⎦ 内层循环
 …
}while();
```

例如：

```html
<html>
<head>
<meta charset='utf-8'>
<title> 输出表格 </title>
</head>
<body>
<style type="text/css">
table,td{
    width:200px;
    border:1px solid #F00;
    text-align:center;
    color:blue;
}
</style>
<?php
  $i=1;
  echo "<table>";
  do{                              // 外层循环控制行数，共循环 4 次
    echo "<tr>";
      for($j=1;$j<=5;$j++) {       // 内层循环控制列数，共循环 5 次
          echo "<td>".$i.$j."</td>"; // 每层循环每执行一次输出行数和列数
      }
    echo "</tr>";
    $i++;
  }while($i<=4);
  echo "</table>";
?>
</body>
</html>
```

运行效果如图 2-15 所示。

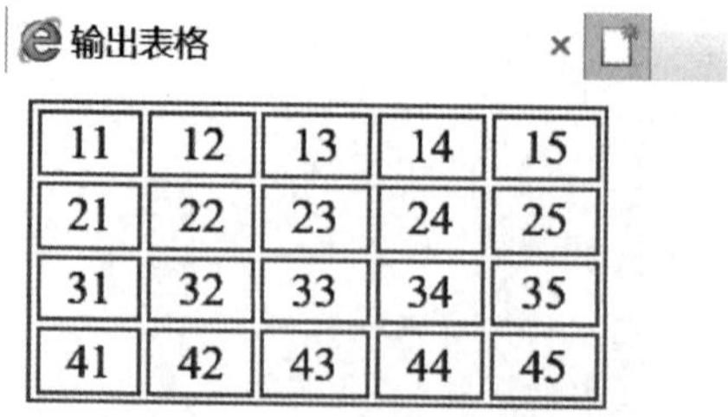

11	12	13	14	15
21	22	23	24	25
31	32	33	34	35
41	42	43	44	45

图 2-15　运行效果

在上述代码段中，利用循环嵌套实现表格的输出。外层循环控制表格的行数，内层循环控制表格的列数。外层循环每执行 1 次，内层循环执行 5 次，共计 4×5=20（次），最终输出 4 行 5 列的表格。

2.6.5　跳转语句

跳转语句用于实现程序流程的跳转。在 PHP 语言中，break 和 continue 是两个常用的跳转语句。

1. break 语句

break 语句用于结束当前 while 循环语句、do…while 循环语句、for 循环语句、foreach 循环语句和 switch 分支语句的执行；另外，当循环语句嵌套时，break 语句后面加一个可选的数字参数，来决定跳出哪一层循环，语法格式如下：

```
break [n];                          //n 代表大于 1 的正整数
```

break 后面的数字，表示跳出循环的层数，默认没有数字就表示跳出当前循环或结束当前语句的执行。

例如：

```
<?php
$num=17;                            // 判断 17 是否为素数
for($i=2;$i<=$num-1;$i++)
    if($num%$i==0)                  // 判断变量 $num 是否能被 $i 整除
break;                              // 如果能被整除，则立即终止循环
if($i>=$num)
    echo "$num is prime";          // 输出：17 是素数
else
    echo "$num is not prime";
?>
```

上述代码段，用于判断变量 $num 是否为素数。让变量 $num 分别与 2~$num-1 之间的数字整除，并判断余数是否为 0。若余数为 0，说明 2~$num-1 之间有数字可以被变量 $num 整除，变量 $num 不是素数；若所有数字都没有被变量 $num 整除，说明变量 $num 是素数。最终通过判断变量 $i 的值（若为素数，循环会一直执行到 $i>=$num 为止），来决定输出内容。

本例中，只能判断 17 这个数字是否为素数，程序通用性较差。实际应用中，可以配合表单的数据提交，来实现不同数字的判断。

2. continue 语句

continue 跳转语句的作用没有 break 语句那么强大，它只对本轮循环有效。在执

行 continue 语句后，程序将结束本轮循环的执行，并开始下一轮循环的执行操作。另外，除了跳出本轮循环外，当循环语句嵌套时，continue 语句后面也可以使用一个可选数字参数，以决定跳过哪一层循环，语法格式如下：

```
continue [n];                    //n 代表大于 1 的正整数
```

例如：

```php
<?php
for($i=1;$i<=100;$i++)
    {if($i%3!=0)                 //判断变量 $i 是否能够被 3 整除
continue;
echo $i."";
}
?>
```

上述代码段，是判断 1 ~ 100 数字中能够被 3 整除的数并输出。若不能被 3 整除，通过 continue 语句，结束本轮循环（即跳过 echo 输出语句的执行），继续下一轮循环的执行。

注意：为了防止产生死循环，必要时使用 break 语句结束循环。

◉ **任务实现**

九九乘法表的制作

【任务内容】

设计一个九九乘法表。为设计美观可以使用表格标签，具体效果参看最终运行效果。

【学习目标】

掌握循环控制语句的语法知识，并结合 HTML 与 PHP 的互相嵌套，完成最终九九乘法表的输出。

【知识要点】

（1）循环控制语句。

（2）HTML 与 PHP 的互相嵌套。

【操作步骤】

（1）在文件面板的本地站点下新建一个空白网页文档，默认的文件名是 untitled.php，修改网页文件名为 ex2_6.php。

（2）双击网页 ex2_6.php，进入网页的编辑状态。切换到代码视图下，输入以下 PHP 代码：

```html
<html>
<head>
```

```
<meta charset='utf-8'>
<title>输出九九乘法表</title>
</head>
<body>
<style type="text/css">
td{
        width:200px;
        border:1px solid #F00;
        text-align:center;
        color:blue;
}
</style>
<?php
  $i=1;
  echo "<table>";
  for($i=1;$i<=9;$i++) {
        echo "<tr>";
        for($j=1;$j<=$i;$j++){
                echo "<td>"."$i*$j=".$i*$j."</td>";
        }
        echo "</tr>";
  }
  echo "</table>";
?>
</body>
</html>
```

【预览效果】

预览效果如图 2-16 所示。

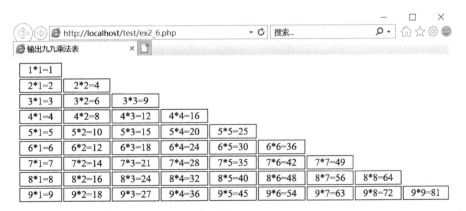

图 2-16　运行效果

任务 2.7　从改进的计算器程序中学习函数的使用

任务描述

在网页的设计中，我们经常会遇到重复去做某些事情。在程序里，它们整体语句结构相同、语法相同，实现的方式也相同。如果重复地书写代码，无论是程序的可读性，还是通用性上都会给程序员带来困扰。

PHP 允许程序设计者将常用的流程或者变量等，组织成一个固定的格式。也就是说用户可以自行定义函数。这样在编写好函数之后，直接使用即可，不必关心其中的细节。要做功能修改时，只需修改该函数代码则所有调用位置均得到体现。同时，把大任务拆分成多个函数也是分治法和模块化设计的基本思路，这样有利于复杂问题简单化。

有这样一句名言：要吃掉一头大象，每次吃一口。

——克雷顿·艾布拉姆斯（Creighton Abrams）

对于大型网站项目，靠一个人的力量是很难完成的。很多程序员遇到大的项目会产生恐惧感，这么复杂，我可以做到吗？然后自己的自信心备受打击，任务将不会顺利完成，甚至因此被搁置。任务并不是越大越好，比如自己动手做一个完整的购物网站很困难，但是只写一行代码就容易得多。但现实当中，在软件开发领域，我们往往遇到的是大项目、大任务。这里即将学到的函数其实就是任务分解、功能复用最好的方法。当你把分解的小任务一个个都实现了，你的整体大任务也就水到渠成了。下面，通过完成一个小任务——计算器的程序设计，来学习函数的应用。

知识准备

函数就是程序中用来实现特定功能的代码段。在程序设计中，经常将一些常用的功能模块编写成函数，放在公用函数库中，供程序或其他文件使用。函数就像一个个小程序，使用它们可以组成更大的程序。函数之间也可以相互调用，进而完成更复杂的功能，但它们之间是相互独立的，互不隶属。

在 PHP 中，函数分为三种类型，即自定义函数、可变函数（变量函数）和内部函数（系统预定义函数）。

函数

2.7.1　自定义函数

1. 函数的定义

在 PHP 中，通过关键字 function 来定义函数，语法格式如下：

```
function function_name($arg1,$arg2,…,$argN)
  {
statements                                    // 函数代码段
}
```

其中，function 是定义函数的关键字；function_name 是用户自定义的函数名称。命名函数时，应遵循与变量命名相同的规则，但函数名不能以美元符号（$）开头，且不区分大小写。另外函数名不能与系统函数或用户已经定义的函数重名。

$arg1~$argN 是函数的参数，通常称为"形式参数"，简称"形参"。通过这些参数可以向函数传递信息。一个函数可以有 0 个或多个参数（用逗号分隔）。参数可以是各种数据类型，例如整型、浮点型、字符串以及数组等。无论有无参数，函数名后面的括号"()"不可以缺省。

statements 表示在函数中执行的一组语句，在函数定义时，大括号"{}"内的代码就是在调用函数时将会执行的代码，这段代码可以包括变量表达式，流程控制语句，甚至是其他的函数或类定义。

注意：函数名后面的"()"无论有无参数，不可以缺省。函数体外面的大括号"{}"，即使函数体中只有一条语句，也不可以缺省。

例如：

```php
<?php
function draw_table($row,$col)                // 定义函数
{
  echo "<table border=\"1\"width=\"368\">\n";
echo "<caption> 动态表格 ($row 行  $col 列) </caption>\n";
                                              // 输出表格标题
for($i=1;$i<=$row;$i++){                       // 控制表格行数
    echo "<tr>";
    for($j=1;$j<=$col;$j++)                    // 控制表格列数
    echo "<td> </td>";
    echo "</tr>";
}
  echo "</table>";
}
}
?>
```

上述代码段，是动态生成 HTML 表格的例子。函数的名称为 draw_table。包含两个形式参数，$row、$col 分别代表行和列。函数体中用到表格标签以及前面讲到的循环语句——双层嵌套循环，最终完成表格的输出显示。具体可以动态生成几行几列的表格，取决于在调用函数时传递的两个参数。

2. 函数的调用

函数在定义后，就可以被调用，语法格式如下：

```
function_name(param1,param2,…,paramN)
```

其中 param1~paramN，为传递给函数的实际参数，简称"实参"。这里实参的顺序和自定义函数中形参的顺序要保持一致。如果实参比形参多，多余的参数会被自动舍弃；如果实参比形参少，实参会被一一填入，不足部分以空参数代替。

在上述代码末尾，增加如下语句：

```
draw_table(3,2);
echo "<br/>";
draw_table(5,3);
```

将会 2 次调用 draw_table() 函数，分别输出 3 行 2 列的表格和 5 行 3 列的表格，如图 2-17 所示。

注意：当函数的定义和函数的调用位于同一个 PHP 文件时，直接调用即可；当函数定义和函数调用位于不同的 PHP 文件时，需要使用 include() 函数包含指定文件，才能调用。

图 2-17　动态表格运行效果

3. 函数的参数传递

在调用函数时，要填入与函数形式参数个数相同的实际参数（有默认参数的除外），在程序运行过程中，实际参数就会传递给相应的形式参数，然后在函数中实现对数据的处理和返回。参数传递有 3 种形式：值传递、引用传递和默认参数传递。

（1）值传递。值传递是 PHP 中函数的默认传值方式。传递时是将实参的值复制一份再传递给形参，所以在函数中操作参数的值并不会对函数外的实参造成影响。因此如果不希望函数修改实参的值，就可以通过值传递的方式。如上例中，draw_table() 函数就是通过值传递的方式，将 3 和 2 这两个数值传递给形参变量 $row 和 $col。

（2）引用传递。引用传递是将实参的内存地址复制一份，传递给函数的形参，实参和形参都指向相同的内存地址，因此函数对形参的操作，会影响到函数外实参的值。语法格式如下：

```
function function_name(&$arg1,&$arg2,…,&$argN)
  {
```

```
statements                              // 函数代码段
}
```

引用传递的方式就是在函数定义时，在参数前面加上符号"&"即可。

例如：

```php
<?php
 function swap(&$a,&$b)              // 定义函数 swap
 {
     echo '函数内交换前： $a='.$a.',$b='.$b.'<br>';
     $temp=$a;
     $a=$b;
     $b=$temp;
     echo '函数内交换后： $a='.$a.',$b='.$b.'<br>';
 }
 $x=100;
 $y=200;
 echo '函数外交换前： $x='.$x.',$y='.$y.'<br>';
 swap($x,$y);                        // 调用函数 swap，并进行参数的引用传递
 echo '函数外交换后： $x='.$x.',$y='.$y;
?>
```

运行结果如图 2-18 所示。

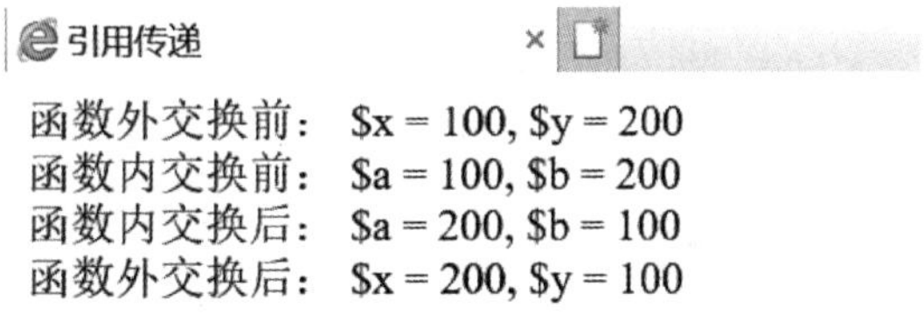

在上述代码段中，将变量 $x 和变量 $y 的地址传递给了形参 $a 和形参 $b（$x 和 $a 共用同一个内存地址，$y 和 $b 共用同一个内存地址），当形参 $a 和形参 $b 在函数内进行交换时，相当于变量 $x 和变量 $y 也在进行交换。所以，不仅函数内部值进行了交换，函数外部值也进行了交换。

```
引用传递                           ×
函数外交换前：  $x = 100, $y = 200
函数内交换前：  $a = 100, $b = 200
函数内交换后：  $a = 200, $b = 100
函数外交换后：  $x = 200, $y = 100
```

图 2-18   运行结果

（3）默认参数传递。PHP 支持有默认值的参数，即定义函数时可以为一个或多个形式参数指定默认值。参数的默认值必须是常量表达式，不能是变量、类成员或函数调用。

例如：

```php
<?php
 function select($color="red") //定义函数 select
 {
     echo "I like".$color;        // 输出：I like red
 }
 select();
?>
```

在上述代码段中，给函数 select() 的参数 $color 指定了默认值，在调用该函数时就可以不提供参数，函数会自动使用该默认值。

注意：当使用默认参数时，默认参数必须放在非默认参数的右侧；否则，函数可能不会按预期情况工作。

4. 函数的返回值

在 PHP 中，返回值就是把函数运算的结果从函数内部取出的结果值，返回值通过使用可选的返回语句 return 返回，可以返回包括数组和对象的任意类型，返回语句会立即中止函数的运行，并且将控制权交回调用该函数的代码行。语法格式如下：

```
return [返回值];
```

其中，"返回值"为一个可选参数，可以是一个具体的值或者表达式，也可以为空。"返回值"与 return 关键字之间需要使用空格分隔。

注意：return 语句只能返回一个参数，即只能返回一个值，不能一次返回多个值。如果要返回多个值的话，就需要在函数中定义一个数组，将返回值存储在数组中返回。

例如：

```php
<?php
function degree($c)
{
    $f=$c*9.0/5.0+32;
    return $f;
}
$fahren=degree(37);
echo "37 摄氏度 =".$fahren." 华氏温度 "; // 输出：37 摄氏度 =98.6 华氏温度
?>
```

上述代码段，在函数中使用 return 返回了一个变量 $f，其实返回的并不是变量本身，而是这个变量的值。所以在函数外面我们需要使用另一个变量 $fahren 来存储这个值。

return 不仅能返回一个变量，还可以返回一个表达式，所以上面例子中的函数，还能写得更加简洁，如下所示：

```php
<?php
function degree($c)
{
    return $c*9.0/5.0+32;
}
$fahren=degree(37);
echo "37 摄氏度 =".$fahren." 华氏温度 ";
?>
```

使用 return 语句时需要注意以下几点：

（1）return 语句用于向"调用函数"返回一个值，返回值后，立即结束函数的运行，所以 return 语句一般都放在函数的末尾；

（2）如果一个函数中存在多个 return 语句，则只会执行最先遇到的 return 语句；

（3）不用 return 或者直接 return; 都会返回 NULL，return 语句会阻断函数体中后续代码的执行，就相当于结束函数运行；

（4）如果在全局作用域内使用 return 语句，则会立即终止当前运行的脚本。

5. 函数的作用域

在 PHP 中，函数的作用域有两种：一种是函数外作用域（全局作用域）；另一种是函数内作用域（局部作用域）。

按作用域可以将 PHP 变量分为全局变量和局部变量两种。这个在前面已经介绍过。变量必须在其有效范围内使用，如果超出有效范围，变量就会失去其意义。

例如：

```php
<?php
function example()
{
    $x=" 我是函数内定义的变量 ";
}
echo $x;
?>
```

上述代码段，运行时将出现错误提示信息"Notice: Undefined variable:…"，因为变量 $x 的作用域在函数内部，在函数外主程序中使用时，系统将提示"变量未定义"。如果要使函数中的变量作用于函数外部，则需要使用 global 关键字将变量声明为全局变量。

2.7.2 可变函数

PHP 中支持可变函数的概念（也叫变量函数），在变量名的后面加上一对小括号()，就构成了一个可变函数。程序运行时，将寻找与变量的值同名的函数，并尝试执行它。语法格式如下：

```php
$varname();
```

其中，$varname 为一个变量，后面的小括号 () 与调用函数时函数名后的小括号功能相同。

例如：

```php
<?php
function f1()
```

```
{
    echo "这是由函数分 f1() 输出的内容 <br/>";
    }
function f2($var)
{
    echo "这是由函数分 f2() 输出的 :$var<br/>";
}
$func="f1";
$func();                        // 输出：这是由函数分 f1() 输出的内容
$func="f2";
$func("Hello");                 // 输出：这是由函数分 f2() 输出的 :Hello
?>
```

在上述代码段中，同样都是在调用 $func() 函数，随着变量值的变化而调用了不同的函数〔函数 f1() 和函数 f2("hello")〕，并输出了不同的语句。

注意：可变函数不能直接用于如 echo、print、unset()、isset()、empty()、include()、require()以及类似的语言结构中，需要使用自己包装的函数来将这些结构用作可变函数。

2.7.3　内部函数

内部函数也称为标准函数，大部分可以在代码中直接使用；还有一些函数需要与特定的 PHP 扩展模块一起编译，否则会出现"未定义"错误。例如，要使用 mysqli_connect() 函数，就需要在编译 PHP 的时候加上 MySQLi 支持。

大部分内部函数用来完成系统的底层工作，PHP 提供了丰富的内部函数供用户调用，包括数组函数、字符串函数、日期函数、文件函数等。通过使用这些函数，可以用简单的代码完成复杂的工作。在后面的单元中，还会介绍一些常用的内部函数。更多的函数功能，可查阅 PHP 帮助手册，这里将不再赘述。

◎ **任务实现**

计算器的制作

【任务内容】
设计一个计算器程序，实现简单的加、减、乘、除四种运算。
【学习目标】
掌握变量、运算符与表达式、条件控制语句、自定义函数的语法知识，并学会使用 PHP 处理表单数据，实现数据的提交。
【知识要点】
（1）正确运用 is_numeric 函数，来检测获取的数据是否为数字或数字字符串。
（2）结合函数和 if 语句完成计算器的四种运算。

【操作步骤】

（1）在文件面板的本地站点下新建一个空白网页文档，默认的文件名是 untitled. php，修改网页文件名为 ex2_7.php。

（2）双击网页 ex2_7.php，进入网页的编辑状态。在设计视图下，完成表单内容的设计，如图 2-19 所示。

图 2-19　表单运行效果

（3）切换到代码视图下，输入以下 PHP 代码：

```
<!DOCTYPE html>
<html>
<head>
<meta charset="utf-8">
<title>计算器程序</title>
</head>
<body>
<form method=post>
    <table>
        <tr>
            <td>
                <input type="text"size="4"name="number1">
                <select name="caculate">
                    <option value="+">+
                    <option value="-">-
                    <option value="*">*
                    <option value="/">/
                </select>
                <input type="text"size="4"name="number2">
                <input type="submit"name="ok"value="计算">
            </td>
        </tr>
    </table>
</form>
</body>
</html>
<?php
```

```
function cnt($a,$b,$caculate)              // 定义 cac 函数，用于计算
                                              两个数的结果
    {
        if($caculate=="+"                  // 如果为加法则相加
            return $a+$b;
        if($caculate=="-"                  // 如果为减法则相减
            return $a-$b;
        if($caculate=="*"                  // 如果为乘法则返回乘积
            return $a*$b;
        if($caculate=="/")
        {
            if($b=="0"                     // 判断除数是否为 0
                echo "除数不能等于 0";
            else
                return $a/$b                // 除数不为 0 则相除
        }
    }
    if(isset($_POST['ok']))
    {
        $number1=$_POST['number1']         // 得到数 1
        $number2=$_POST['number2']         // 得到数 2
        $caculate=$_POST['caculate']       // 得到运算的动作
                                           // 调用 is_numeric() 函数
                                              判断接收到的字符串是否为
                                              数字
        if(is_numeric($number1)&&is_numeric($number2))
        {
                                           // 调用 cnt 函数计算结果
            $answer=cnt($number1,$number2,$caculate);
            echo
"<script>alert('".$number1.$caculate.$number2."=".$answer."')
</script>";
        }
        else
        echo "<script>alert('输入的不是数字！')</script>";
    }
?>
```

【预览效果】

预览效果如图 2-20、图 2-21 所示。

图 2-20 计算器运行效果   图 2-21 计算器运行结果

单元实训

综合实训项目

【实训内容】

（1）使用双重循环打印星花图案。

（2）编写验证哥德巴赫猜想的程序：即任何一个大于等于 6 的偶数都可以写为两个素数的和，例如 10=3+7，10=5+5。该程序要求使用函数来实现。

（3）多项选择题的制作：编写回答多项选择题的 PHP 程序。用户通过多项选择题的形式，进行答卷，答案提交后，网站获取用户数据，并进行比对处理，最终给出判断结果。

【实训目标】

（1）掌握 PHP 的基本语法；

（2）通过语法学习，能够实现程序功能片段的编写；

（3）能够将程序片段应用到实际网站。

【知识要点】

（1）PHP 基本语法。

（2）数据类型。

（3）变量和常量。

（4）运算符和表达式。

（5）条件分支语句。

（6）循环控制语句。

（7）函数。

【实训案例代码】

（1）使用双重循环打印星花图案。

新建 star.php 文件，代码如下：

```
<!doctype html>
<html>
<head>
<meta charset="utf-8">
```

```
<title>双重循环打印星花图案</title>
</head>
<body>
<?php
for($i=1;$i<=9;$i++)            //外层循环（代表行）
{
  for($j=1;$j<=$i;$j++)        //内层循环（代表列）
  {
   echo "*";                   //内循环输出本行的星花个数，个数恰好等于行号
  }
  echo "<br>";                 //内循环结束后，输出另起一行
}
?>
</body>
</html>
```

运行效果如图 2-22 所示。

图 2-22　印星花图案运行效果

（2）编写验证哥德巴赫猜想的程序：即任何一个大于等于 6 的偶数都可以写为两个素数的和，例如 10=3+7，10=5+5。该程序要求使用函数来实现。

算法分析：假设 $m 为任意输入的大于等于 6 的偶数，将该变量的值通过参数传递给自定义函数。在自定义函数中，将 $m 的值传递给 $n，并将该数分解为两个大于等于 3 的正整数 $n1，$n2。利用循环先筛选出为素数的 $n1，然后求出 $n2=$n-$n1，再利用循环筛选与 $n1 对应的素数 $n2，最终的结果是 $n1 是素数，$n2 也是素数，它们的和恰好等于 $n，这样的结果可能不止一个。

新建 goldbach.php 文件，代码如下：

```
<!doctype html>
<html>
<head>
```

```
<meta charset="utf-8">
<title>验证哥德巴赫猜想</title>
</head>
<body>
<h3>请输入一个大于等于 6 的偶数</h3>
<form method="post">
<input type="text"name="m">
<input type="submit"name="button"value=" 判断 ">
</form>
<?php
function guess($n)
{ for($n1=3;$n1<=$n/2;$n1++)
    {
      for($i=2;$i<=$n1-1;$i++)
      {
       if($n1%$i==0)                    // $n1 能被 $i 整除
         break;                         // 结束当前循环
        }
      if($i>$n1-1)                       // $n1 就是素数
       {
        $n2=$n-$n1;                      // 分解出 $n2
        for($i=2;$i<=$n2-1;$i++)
        {
          if($n2%$i==0)                  // $n2 能被 $i 整除
              break;                     // 结束当前循环
          }
          if($i>$n2-1)                   // $n2 就是素数
          echo $n."=".$n1."+".$n2."<br>";
        }
      }
    }
}
if(isset($_POST['button']))             // 判断 " 判断 " 按钮是否按下
{
 $m=$_POST["m"];                        // 接收文本框 m 的值
 guess($m);
}
?>
</body>
</html>
```

运行效果如图 2-23 所示。

图 2-23　验证哥德巴赫猜想运行效果

（3）多项选择题的制作：编写回答多项选择题的 PHP 程序。用户通过多项选择题的形式，进行答卷，答案提交后，网站获取用户数据，并进行比对处理，最终给出判断结果。

新建 multselect.php 文件，代码如下：

```php
<!DOCTYPE html>
<html>
<head>
<meta charset="utf-8">
<title> 多项选择题 </title>
</head>
<body>
<form action=""method="post">
    您的爱好有哪些？ <br/>
    <input type="checkbox"name="answer[]"value=" 唱歌 "> 唱歌 <br/>
    <input type="checkbox"name="answer[]"value=" 跳舞 "> 跳舞 <br/>
    <input type="checkbox"name="answer[]"value=" 读书 "> 读书 <br/>
    <input type="checkbox"name="answer[]"value=" 听音乐 "> 听音乐 <br/>
    <input type="checkbox"name="answer[]"value=" 运动 "> 运动 <br/>
    <input type="submit"name=bt value=" 提交 ">
</form>
<?php
    if(isset($_POST['bt']))
    {
        $answer=@$_POST['answer']        //$answer 是数组
        if(!$answer)
            echo "<script>alert(' 请选择答案 ')</script>";
    else
```

```
    {
        $num=count($answer).
                                    //使用 count 函数取得 $answer 数组
                                      中值的个数
        $result=""                  //初始化 $result 为空
        for($i=0;$i<$num;$i++       //使用 for 循环
        {
            $result=$result.$answer[$i]."";
                                    //将 $answer 中的值连接起来
        }
        echo "<script>alert('您的爱好是：$result')</script>";
    }
    }
?>
</body>
</html>
```

运行效果如图 2-24、图 2-25 所示。

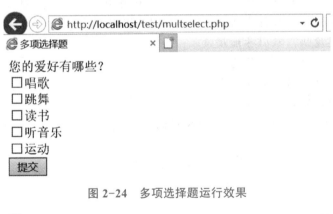

图 2-24　多项选择题运行效果

图 2-25　多项选择题运行结果

习题

一、单项选择题

1. 在 PHP 中,(　　)不是合法的类型。

A. 字符串　　　　B. 对象　　　　　　C. 整数　　　　　D. 文件

2. 写出以下程序的输出结果为 (　　)。

```php
<?php
$c=40;
$a=$b>$c?4:5;
echo $a;
?>
```

A. 201　　　　　　B. 40　　　　　　　C. 5　　　　　　D. 4

3. 语句 for($ k=0;$ k=1;$ k++); 和语句 for($ k=0;$ k==1;$k++); 执行的次数分别是 (　　)。

A. 0 和无限　　　B. 无限和 0　　　　C. 都是 0　　　　D. 都是无限

4. PHP 定义变量正确的是 (　　)。

A. var a=5;　　　B. $a=10;　　　　　C. int b=6;　　　　D. var $a=12;

5. PHP 中单引号和双引号包含字符串的区别正确的是 (　　)。

A. 单引号速度快,双引号速度慢

B. 双引号速度快,单引号速度慢

C. 单引号里面可以解析转义字符

D. 双引号里面可以解析变量

6. 若 x、y 为整型数据,以下语句执行的 $y 结果为 (　　)。

```php
<?php
$x=1;
++$x;
$y =$x++;
echo $y;
?>
```

A. 1　　　　　　　B. 2　　　　　　　C. 3　　　　　　D. 0

7. 以下代码执行结果为 (　　)。

```php
<?php
$A="Hello";
function print_A()
{
$A="php mysql!!";
global $A;
echo $A;
```

```
}
echo $A;
print_A();
?>
```

A. Hello　　　　B. php mysql!!　　　C. Hello Hello　　　D. Hello php mysql!!

8. 以下代码输出的结果是（　　　）。

```
<?php
$a= "aa";
$aa= "bb";
echo  $$a;
?>
```

A. aa　　　　B. bb　　　　C. $aa　　　　D. $$a

9. PHP 输出拼接字符串正确的是（　　　）。

A. echo $a+"hello"　　　　B. echo $a+$b

C. echo $a."hello"　　　　D. echo'{$a}hello'

10. 下列定义函数的方式是正确的（　　　）。

A. public void Show(){ }　　　　B. function Show($a=5,$b){ }

C. function Show(a,b){ }　　　　D. function Show(int $a){ }

二、多项选择题

1. 在 PHP 中，不等运算符是（　　　）。

A. ≠　　　　B. !=　　　　C. <>　　　　D. ><

2. 函数的参数传递包括（　　　）。

A. 按值传递　　　B. 按引用传递　　　C. 按变量传递　　　D. 按作用域传递

3. 在 PHP 中，可以实现程序分支结构的关键字是（　　　）。

A. while　　　　B. for　　　　C. if　　　　D. switch

4. continue 语句可以用在（　　　）中。

A. for　　　　B. while　　　　C. do…while　　　　D. switch

5. break 可以用在（　　　）语句中。

A. witch　　　　B. for　　　　C. while　　　　D. do…while

单元 3
PHP 数据处理

学习目标

【知识目标】

1. 了解 PHP 中数组的特点。
2. 掌握定义数组的常用方法。
3. 掌握数组的遍历与排序。
4. 掌握字符串的相关函数的使用。
5. 掌握正则表达式的语法规则和应用。
6. 掌握日期函数的使用。

【能力目标】

1. 能熟练应用 PHP 中的数组和字符串。
2. 能熟练应用正则表达式进行页面信息检验。
3. 能熟练应用日期函数进行日期处理。

【素养目标】

1. 从数组的学习中培养集体观念和大局意识。
2. 从字符串函数的功用上培养网络安全意识，倡导共同维护文明健康的网络环境。
3. 从正则表达式的学习中养成遵守规则的良好素质。

知识要点

1. 数组的概念。
2. 如何定义数组。
3. 数组函数。
4. 数组的遍历。
5. 数组的排序。
6. 字符串函数。

7. 正则表达式。

8. 日期函数。

情景引入

通过前面的学习，小王已经能够设计一些具有简单功能的程序。但小王发现，在处理一些大数据量的程序时，还是有些无能为力，比如要设计一个对全班同学的成绩进行排名的程序，或是像某些网页上具有的对用户输入的用户名等信息进行检验的程序等。

小王知道，这些都与数据处理有关。数据处理在 PHP 编程中有着非常重要的地位，无论编写什么样的程序都少不了和各种各样的数据打交道。尤其数组和字符串，是 PHP 中最为重要的两种数据类型。曾有人做过统计，在 PHP 的项目开发中，至少有30% 的代码在处理数据，另有 30% 以上的代码在操作字符串。为此，让我们跟随小王的步伐，一起来学习 PHP 中对数据的处理，尤其是对数组和字符串的处理。

任务 3.1　从学生信息的存储与显示中学习数组的使用

任务描述

在 Web 项目开发中，我们经常要处理批量数据，比如，统计全班同学的平均成绩，如果还用前面讲的普通变量来存储，每个学生的成绩就需要定义一个变量，如果全班有50 个学生，则需要定义 50 个变量，这样做显然是不易实现的，还容易出错。那么如何解决这样的问题呢？再比如，要存储一名学生的信息，包括姓名、性别、年龄等多项数据，如何能使用统一的名称来存储和表示这些数据呢？

上面的问题，都可以使用 PHP 数组来解决。

数组是对大量数据进行有效组织和管理的手段之一，通过数组的强大功能，可以对大量数据类型相同的数据进行存储、排序、遍历、删除、插入等操作，从而可以有效地提高程序开发效率及改善程序代码。

初识 PHP 中的数组

知识准备

3.1.1　数组的创建与初始化

数组就是一组数据的集合，把一系列数据组织起来，形成一个可操作的整体。存储在数组中的值称为数组中的元素。每个数组元素由

数组的创建和使用

键（key）和值（value）组成。值为数组元素所存储的值，键是数组元素的识别名称，相当于该数组元素在整个数组中的门牌号。键和值是一一对应的关系。

数组中每个数据都称为数组的一个元素。要区分每个元素，可以使用数组的下标，也称为键。数组中的每个元素都包含两部分：键名和键值，可以通过键名来获取相应数组元素的值。

创建数组一般有以下几种方法。

1. 使用 array() 函数创建数组

创建数组可以使用 array() 函数，语法格式如下：

```
array array([$keys=>]$values, … )
```

其中"$keys=>$values"可以是用逗号分开的一组键值对。"keys"代表键名，"value"代表键值。自定义键名可以是字符串或数字。以数字为键名，称为索引数组，以字符串为键名则称为关联数组。

如果省略了键名，则会自动产生从 0 开始的整数作为键名。如果只对某个给出的值没有指定键名，则取该值前面最大的整数键名加 1 后的值。例如：

```
<?php
$num=array(1,2,3,4);                        //定义不带键名的数组
$stu=array('name'=>'lisi','sex'=>' 男 ','age'=>20);
                                            //定义带键名的数组
$array3=array(1=>5,2=>7,4=>6,8,10);         //定义省略某些键名的数组
?>
```

数组创建完后，我们可使用"数组名 [键名]"的方式来表示数组中的元素。如果数组的键名是自动分配的，则默认情况下 0 元素是数组的第一个元素。

另外，也可以使用打印函数 print_r() 输出数组。这个函数用于打印一个变量的信息。如果给出的是数组类型的变量，将会按照一定格式显示键名和值。

例如：

```
<?php
$cj=array(9,3,5,4,6);                       //索引数组   键名从 0 开始
echo $cj[2];                                //结果为 5
$stu=array('name'=>'lisi','age'=>18,'sex'=>' 男 ','city'=>' 沈
阳 ','sg'=>180.5,'tz'=>70);                 //关联数组   键名 => 键值
echo $stu['tz'];                            //结果为 70
$arr=array(3,5,7=>90,80);
echo $arr[8];                               //结果为 80
print_r($arr);
/* 输出结果为：
```

```
Array ( [0] => 3 [1] => 5 [7] => 90 [8] => 80 )*/
?>
```

2. 使用 range() 函数建立指定范围的数组

使用 range() 函数可以自动建立一个值在指定范围的数组，语法格式如下：

```
array  range(mixed $low, mixed $high [, number $step ])
```

$low 为数组开始元素的值，$high 为数组结束元素的值，$step 为两个元素值间的步长，$step 如果未指定则默认为 1。

range() 函数将返回一个数组，数组元素的值就是从 $low 到 $high 之间的值。例如：

```
<?php
$a1=range(1,5);
$a2=range(1,9,2);
$a3=range("a","g");
print_r($a1);
                // 输出：Array ( [0] => 1 [1] => 2 [2] => 3 [3]
                    => 4 [4] => 5 )
print_r($a2);
                // 输出：Array ( [0] => 1 [1] => 3 [2] => 5 [3]
                    => 7 [4] => 9 )
print_r($a3);
                // 输出：Array ( [0] => a [1] => b [2] => c [3] => d [4]
                    => e [5]=>f[6]=>g)
?>
```

3. 自动建立数组

数组还可以不用预先初始化或创建，在第一次使用它的时候，数组就已经创建，例如：

```
<?php
$a [0]= "80";
$a [1]= "90";
$a [2]= "70";
print_r($a);     // 输出：Array ( [0] =>80 [1] => 90 [2] => 70 )
?>
```

4. 使用 compact() 函数建立数组

compact() 函数用于将一个或多个变量，甚至数组，转换为新的数组，这些变量的变量名就是数组的键名，变量值就是数组元素的键值。语法格式如下：

```
array compact(mixed $varname [, mixed ...])
```

任何没有变量名与之对应的字符串都被略过。例如：

```php
<?php
$name=" 张三 ";
$age=21;
$cj=array(90,80,70);
$array=compact("name","age","cj");
print_r($array);
/* 输出结果为 :
     Array ( [name] => 张三 [age] => 21 [cj] => Array ( [0] => 90
[1] => 80 [2] => 70 ) ) */
?>
```

5. 使用 array_combine() 函数将两个数组创建为一个数组

使用 array_combine() 函数可以使用两个数组创建另外一个数组，语法格式如下：

```php
array array_combine(array $keys, array $values)
```

array_combine() 函数用来自 $keys 数组的值作为键名，来自 $values 数组的值作为相应的键值，生成一个新的数组。例如：

```php
<?php
$a = array('name', 'sex', 'age');
$b = array('张三 ', '男 ', 20');
$c = array_combine($a, $b);
print_r($c);
                              // 输出 : Array ( [name] => 张三
                              [sex] => 男 [age] => 20 )
?>
```

上述学习的都是一维数组的创建。在实际应用中，常常还会使用多维数组。如果一个数组元素的类型也是数组类型，那么该数组就是多维数组。通过对 array() 函数的嵌套使用，就可以创建多维数组。例如：

```php
<?php
$array=array(
          array("name"=>" 张三 ","sex"=>" 男 ","age"=>18),
          array("name"=>" 李四 ","sex"=>" 女 ","age"=>19)
          );                      // 定义二维数组 $array
echo $array[0]["name"];           // 输出数组元素，输出结果为"张三"
print_r($array);                  // 打印二维数组
/* 输出结果为 :
     Array ( [0] => Array ( [name] => 张三 [sex] => 男 [age] => 18)
```

```
          [1] => Array ( [name] => 李四 [sex] => 女 [age] => 19) )
*/
?>
```

3.1.2 数组的遍历和输出

数组的最大作用就是处理批量数据，因此在开发程序时，一般需
要对数组里的全部数组元素进行读写，这种操作就称为数组的遍历。

数组的遍历

1. 数组元素的统计

在进行数组遍历时，常需要统计数组中元素的个数，以方便进行程序处理。PHP 中
可以使用 count() 和 sizeof() 函数获得数组元素的个数，其参数是要进行计数的数组。例如：

```
<?php
$arr=array(3,5,8,6,7);
echo count($arr);              // 输出 5
echo sizeof($arr);             // 输出 5
?>
```

2. 遍历数组

对数组遍历的方法主要有三种，下面分别介绍。

（1）for 语句实现数组遍历。使用 for 语句可以来访问数组。例如：

```
<?php
$arr=range(1,5);
for($i=0;$i<count($arr);$i++)      // 使用 count 获取数组元素个数
{
    echo $arr[$i]." ";        // 输出 1 2 3 4 5
}
?>
```

注意：使用 for 循环只能访问键名是有序的整型的数组，如果是其他类型则无法访问。

（2）while 语句实现数组遍历。while 循环、list() 和 each() 函数结合使用就可以
实现对数组的遍历。list() 函数的作用是将数组中的值赋给变量，each() 函数的作用是
返回当前的键名和值，并将数组指针向下移动一位。例如：

```
<?php
$arr=array(1,2,3,4,5);
while(list($key,$value) = each($arr))// 直到数组指针到数组尾部时停止循环
{
    echo $value." ";              // 输出 1 2 3 4 5
```

```
}
?>
```

说明：each() 函数的返回值有两个，分别为当前数组元素的键名和值，需要两个变量来存储，因此 list 函数指定了两个参数 $key 和 $value 分别用于存储键名和值。

（3）foreach 语句实现数组遍历。foreach 循环是专门用于遍历数组的活环，其语法格式如下：

```
foreach (array_expression as $value)
                                    //代码段
foreach (array_expression as $key => $value)
                                    //代码段
```

第一种格式遍历给定的 array_expression 数组。每次循环中，当前单元的值被赋给变量 $value 并且数组内部的指针向前移一步（因此下一次循环将会得到下一个单元）。第二种格式类似，只是当前单元的键名也会在每次循环中被赋给变量 $key。

例如：

```
<?php
$stu=array("name"=>" 张三 ","sex"=>" 男 ","age"=>18);
foreach($stu  as $value)
{
    echo $value." ";           // 输出数组的值"张三 男 18"
}
foreach($stu as $key=>$value)
{
    echo $key. ":". $value. " "; //输出数组的键名和值"name:张三
                                    sex:男 age:18"
}
?>
```

3.1.3 数组的排序

在 Web 开发中，经常要对批量数据进行排序，如学生成绩排序等。在 PHP 中，提供了很多数组排序的函数，有针对一维数组的函数，也有针对多维数组的函数。

数组的排序

1. 升序排序

PHP 提供的升序排序函数有 sort()、asort()、ksort()。

（1）sort() 函数。使用 sort() 函数可以对已经定义的数组进行排序，使得数组单元按照数组值从低到高重新排列。语法格式如下：

```
bool sort(array $array [, int $sort_flags ])
```

说明：sort() 函数如果排序成功返回 TRUE，失败则返回 FALSE。例如：

```
<?php
$a=array("03"=>89,"02"=>98,"01"=>70,"04"=>86);
if(sort($a))            //按值排序，不保留原有键名
    print_r($a);        //输出：Array ( [0] => 70 [1] => 86 [2] =>
89 [3] => 98 )
else
    echo "排序 a 数组失败";           if(sort($array2))
?>
```

（2）asort() 函数。asort() 函数也可以对数组的值进行升序排序，语法格式和 sort() 类似，但使用 asort() 函数排序后的数组还保持键名和值之间的关联，例如：

```
<?php
$a=array("03"=>89,"02"=>98,"01"=>70,"04"=>86);
if(asort($a))          //按键名排序
    print_r($a);       //输出：Array ( [01] => 70 [04] => 86 [03]
                          => 89 [02] => 98 )
else
    echo "排序 a 数组失败";
?>
```

（3）ksort() 函数。ksort() 函数用于对数组的键名进行排序，排序后键名和值之间的关联不改变，例如：

```
<?php
$a=array("03"=>89,"02"=>98,"01"=>70,"04"=>86);
if(ksort($a))          //按键名排序
    print_r($a);       //输出：Array ( [01] => 70 [02] => 98 [03]
                          => 89 [04] => 86 )
else
    echo "排序 a 数组失败";
?>
```

2. 降序排序

前面介绍的 sort()、asort()、ksort() 这三个函数都是对数组按升序排序。而它们都对应有一个反向排序的函数，可以使数组按降序排序，分别是 rsort()、arsort()、krsort() 函数。

降序排序的函数与升序排序的函数用法相同，rsort() 函数按数组中的值降序排序，

并将数组键名修改为一维数字键名；arsort() 函数将数组中的值按降序排序，不改变键名和值之间的关联；krsort() 函数将数组中的键名按降序排序。

3. 反向排序

array_reverse() 函数。作用是将一个数组单元按相反顺序排序，语法格式如下：

```
array array_reverse(array $array [ , bool $preserve_keys ])
```

如果 $preserve_keys 值为 TRUE 则保留原来的键名，值为 FALSE 时，表示重新建立自动索引，如果此参数省略，默认为 FALSE。如果数组元素的命名为字符串，则第二个参数不起作用，自动保留原来的键名。例如：

```php
<?php
$arr=array("x"=>1,"5"=>2,"3"=>8,"k"=>3);
$ar1=array_reverse($arr);
$ar2=array_reverse($arr,TRUE);
print_r($ar1);        //输出：Array ( [k] => 3 [0] => 8 [1] => 2
                      [x] => 1 )
    print_r($ar2);    //输出：Array ( [k] => 3 [3] => 8 [5] => 2
                      [x] => 1 )
?>
```

4. 自然排序

natsort() 函数实现的是按照人们通常对字母、数字和字符串进行排序的方法来进行排序，排序后保持原有键名和元素值之间的关系。natsort() 函数对大小写敏感。例如：

```php
<?php
$c=array('a1','a5','a10','a3');
sort($c);
print_r($c);          //输出：Array ( [0] => a1 [1] => a10 [2]
                      => a3 [3] => a5 )
natsort($c);
print_r($c);          //输出：Array ( [0] => a1 [2] => a3 [3] =>
                      a5 [1] => a10 )
?>
```

3.1.4 常用数组函数

除前面学习到的数组定义、数组排序等函数外，PHP 还提供了很多关于数组操作的函数，需要使用的时候可以查询 PHP 帮助手册。本节讲解一些 PHP 数组常用的函数。

数组的常用函数

1. 常用的指针函数

数组指针指向某个数组元素，在默认情况下，一般指向数组的第一个元素。PHP 提供了一组指针操作函数，可以改变指针指向的位置，从而可以访问不同的元素，见表 3-1。

表 3-1　PHP 常用指针操作函数

函数名	功能
next()	定位指针到当前位置的后一个
prev()	定位指针到当前位置的前一个
reset()	重置指针到数组的开始
end()	定位指针到数组的最后
current()	取得当前指针位置的值
key()	取得当前指针位置的键

2. 查找函数

PHP 提供了多个关于数组查找的函数，以用于在数组中查找指定的元素。

（1）in_array() 函数。in_array() 函数用于在一个数组中查找某个键值，存在则返回 TRUE，不存在则返回 FASLE。例如：

```php
<?php
$a=array(3,5,4,8,7);
if(in_array(8,$a))                    //判断是否存在值 8
    echo "数组中存在值：8";           //输出"数组中存在值：8"
else
    echo "不存在";
?>
```

（2）array_search() 函数。array_search() 函数也可以用于查找数组中的某个值，与 in_array() 函数不同的是：in_array() 函数返回的是 TRUE 或 FALSE，而 array_search() 函数当值存在时返回这个值的键名，若值不存在则返回 NULL。例如：

```php
<?php
$a=array(3,5,4,8,7);
$key=array_search(8,$a);
if($key==NULL)                        //如果返回结果为 NULL 则不存在
{
    echo "数组中不存在这个值";        //不输出
}
else
    echo $key;                        //输出 3
?>
```

（3）array_key_exists() 函数。array_key_exists() 函数用于查找数组中是否存在某个键名，存在则返回 TRUE，不存在则返回 FASLE。与 in_array() 函数的用法相似，不同的是 in_array() 函数查找的是键值，而 array_key_exists() 函数查找的是键名。例如：

```php
<?php
$a=array("xh"=>'101',"name"=>" 张三 ");
if(array_key_exists("tel",$a));        //判断是否存在键名 tel
    echo " 数组中存在键名：tel";
else
    echo " 数组中不存在键名：tel";        //输出"数组中不存在键名：tel"
?>
```

3. 其他函数

除前面讲解的数组函数外，PHP 中还有大量的其他数组相关函数，使用时可查阅相关资料。表 3-2 列出了部分较常用的其他函数。

表 3-2　PHP 数组常用函数

函数名	功能
array_values	获得数组的值
array_keys	获得数组的键名
array_push	将一个或多个元素压入数组栈的末尾（入栈），返回入栈元素的个数
array_pop	将数组栈的最后一个元素弹出（出栈）
array_shift	将数组中的第一个元素移除并作为结果返回
array_unshift	在数组的开头插入一个或多个元素
array_sum	对数组内部的所有元素做求和运算
array_merge	合并两个或多个数组
array_unique	移除数组中重复的值，新的数组中会保留原始的键名

◎ **任务实现**

学生成绩的排序显示

【任务内容】

设计一个网页可以实现输入多名学生的成绩，将成绩按降序显示，并显示出不及格的分数，同时要计算出所有学生的平均成绩、最高分和最低分。

【学习目标】

掌握数组及相关函数的使用。

【知识要点】

数组相关函数。

【操作步骤】

1. 制作学生成绩信息输入界面

根据任务要求，需要输入多个学生的成绩信息，假设全班有 50 人，手动编写 50 个 <input type="text"> 标签显然不合理，因此，考虑使用 for 循环来实现多个 <input> 标签。

2. 按成绩降序对学生信息进行排序

使用 PHP 提供的数组排序函数，按成绩降序对用户输入的学生信息进行排序，同时输出平均成绩、最高分、最低分及 60 分以下成绩。

3. 代码实现

新建文件 ex3_1.php，代码如下：

```php
<?php
header("Content-type:text/html;charset=utf-8");
                                        // 设置页面内容是html, 编码格式是utf-8
echo "<form method=post>";              // 新建表单
for($i=0;$i<5;$i++)                     // 循环生成文本框
{
        echo "学生".($i+1)."的成绩:<input type=text name='stu[]' >
<br>";
                                        // 文本框的名字是数组名
}
echo "<input type=submit name=tj value=' 提交 '>";
                                        // 提交按钮

echo "</form>";
if(isset($_POST['tj']))                 // 检查提交按钮是否按下
{
        $sum=0;                         // 总成绩初始化为 0
        $n=0;                           // 分数小于 60 分的人的总数初始化为 0
        $stu=$_POST['stu'];             // 取得所有文本框的值并赋予数组 $stu
        $num=count($stu);               // 计算数组 $stu 元素个数
        echo "<br><hr> 输入的学生成绩有 : <br>";
        foreach($stu as $cj)            // 使用 foreach 循环遍历数组 $stu
        {
            echo $cj." ";          // 输出接收的值
            $sum=$sum+$cj;              // 计算总成绩
            if($cj<60)                  // 判断分数小于 60 的情况
            {
                $low[$n]=$cj;           // 将分数小于 60 的值赋给数组 $low
                $n++;                   // 分数小于 60 的人的总数加 1
            }
        }
```

```
rsort($stu);                              // 将成绩数组降序排列
echo "<br><hr> 成绩由高到低的排名如下 : <br>";
foreach($stu as $val)
        echo $val. " ";              // 输出降序排列的成绩
if(isset($low))                           // 判断low数组是否生成,
                                          //   若不存在,则无不及格
                                          //   成绩

  {echo "<br><hr> 低于 60 分的成绩有 : <br>";
   for($k=0;$k<count($low);$k++)          // 使用 for 循环输出 $low
                                          //   数组

        echo $low[$k]." ";

   }
else
     echo " 无不及格成绩 <br>";
$ave=$sum/$num;                           // 计算平均成绩
echo "<br><hr> 平均分为 : ".$ave;          // 输出平均成绩
echo "<br> 最高分为 : ".$stu[0];           // 输出最高分
echo "<br> 最低分为 :".$stu[$num-1];       // 输出最低分
}
?>
```

【预览效果】

运行效果如图 3-1 所示。

图 3-1　运行效果

从上面的案例中，可以看到，假设统计整个班 50 位同学的一门课程的综合成绩，从中梳理出平均分、最高分、最低分，每个同学的分数都会对最终结果产生很大的影响。由此可以知道，班级中每个学生都是班集体的一分子，只有每个人都努力发光发热，班集体才会像个小宇宙，才会爆发出大能量，才会取得优异的成绩。一个集体的成功，离不开许多人奉献。个人必须做到与班集体同进退，共荣辱，这样也才会成为一个成功的班集体。

任务 3.2　从留言程序中学习字符串及相关函数的使用

任务描述

当在网页中要进行留言时，常需要输入用户名、密码、留言内容等相关信息。对于密码，常常还需要二次确认，即要比较两次输入的密码是否一致。对于用户名及密码等，常会有一定的字符数要求，而对于留言内容，也可以限定留言涉及的一些关键信息，如是否与留言版块内容相关等。

作为未来的网站设计师或开发者，保障网站访问者的信息安全和维护文明、健康的网络语言环境是要重点关注的问题，也是我们的职责所在。

此类问题主要涉及对字符信息的处理，可通过 PHP 中的字符串相关函数来解决。

知识准备

字符串的操作在 PHP 编程中占有重要的地位，绝大多数 PHP 脚本的输入与输出要用到字符串。尤其是在 PHP 项目开发过程中，为了实现某项功能，经常需要对某些字符串进行特殊处理，如获取字符串的长度、截取字符串、替换字符串等。在本节中将对 PHP 常用的字符串操作技术进行详细的讲解，并通过具体的实例加深对字符串操作函数的理解。

PHP 字符串函数在 PHP 开发中是一项非常重要的内容，必须掌握其中常用函数的使用方法。表 3-3 列出了部分 PHP 字符串函数。

表 3-3　部分 PHP 字符串函数

函数	功能
strlen()	字节长度（utf8 编码西文：1 字节汉字：3 字节）
strtolower()	全部转换为小写
strtoupper()	全部转换为大写
ucfirst	首字母变大写
ucwords	每个单词首字母变大写

函数	功能
ltrim()、trim()、rtrim()	去除左侧、两侧、右侧多余字符（默认删除空格）
strcmp()	比较两个字符串（区分字母大小写）
strcasecmp()	比较两个字符串（不区分字母大小写）
strncmp()	比较两个字符串的前 n 个字符（区分字母大小写）
strncasecmp()	比较两个字符串的前 n 个字符（不区分字母大小写）
str_replace()	字符串替换函数
substr_replace	字符串部分替换
substr()	字符串截取函数（中文乱码）
htmlspecialchars()	格式化字串中的 html 标签
explode	字符串分隔为数组
implode	数组合并为字符串
md5（）	字符串加密

3.2.1 字符串的显示

PHP 中字符串的显示可以使用 echo() 和 print() 函数来完成。

echo() 函数和 print() 函数并不是完全一样，两者区别在于：

（1）print() 具有返回值，返回 1，而 echo() 则没有，所以 echo() 比 print() 要快一些。

（2）echo 可以一次输出多个字符串，而 print 不可以。

例如：

字符串的显示

```php
<?php
$n=print "hello";
echo $n;                        // 输出 1
echo "I", "love", "PHP";        // 输出 "IlovePHP"
print "I", "love", "PHP";       // 将提示错误
?>
```

3.2.2 常用的字符串函数

1. 计算字符串的长度

在操作字符串时经常需要计算字符串的长度，这时可以使用

其他字符串函数

strlen() 函数。语法格式：

```
int strlen(string $string)
```

该函数返回字符串的长度，1 个英文字母长度为 1 个字符，1 个汉字长度则与页面所采用的字符集有关（如为 utf8，则为 3 个字符；如为 gb2312，则为 2 个字符）。字符串中的空格也算一个字符。例如：

```php
<?php
header("Content-Type:text/html;charset=utf-8");
$str1="I am";
echo strlen($str1);                  // 输出 4
$str2=" 中国 ";
echo strlen($str2);                  // 输出 6
?>
```

2. 改变字符串大小写

使用 strtolower() 函数可以将字符串全部转化为小写，使用 strtoupper() 函数将字符串全部转化为大写，使用 ucfirst() 函数可以将字符串的第一个字符改成大写，使用 ucwords() 函数可以将字符串中每个单词的第一个字母改成大写。例如：

```php
<?php
$str1="hElLO WorlD";
echo "<br>".strtolower($str1);    // 输出 hello world
echo "<br>".strtoupper($str1);    // 输出 HELLO WORLD
$str2="how are you";
echo "<br>".ucfirst($str2);       // 输出 How are you
echo "<br>".ucwords($str2);       // 输出 How Are You
echo "<br>".$str1;                // 输出 hElLO WorlD
echo "<br>".$str2;                // 输出 how are you
?>
```

注意：上述四个函数并不会改变字符串变量中原来的内容，只是针对变量内容进行了相关的函数处理从而获得处理结果。

3. 字符串裁剪

用户在输入数据时，经常会在无意中输入多余的空格。在有些情况下，字符串中不允许出现空格和特殊字符，此时就需要去除字符串中的空格和特殊字符。在 PHP 中提供了 trim() 函数去除字符串左右两边的空格和特殊字符；ltrim() 函数去除字符串左边的空格和特殊字符；rtrim() 函数去除字符串右边的空格和特殊字符。

它们的语法格式如下：

```
string trim(string $str [, string $charlist ])
string rtrim(string $str [, string $charlist ])
string ltrim(string $str [, string $charlist ])
```

可选参数 $charlist 是一个字符串，指定要删除的字符，如果省略则默认删除空格或制表符、换行、回车等特殊字符。ltrim()、rtrim()、trim() 函数分别用于删除字符串 $str 中最左边、最右边和两边的与 $charlist 相同的字符，并返回剩余的字符串。例如：

```
<?php
$a=" hello ";
$b="world";
echo trim($a).$b;          //trim 去掉前后的空格，输出：helloworld
echo "<br>hi".ltrim($a).$b; //ltrim 去掉左边的空格，输出：hellow world
echo "<br>hi".rtrim($a).$b; //ltrim 去掉右边的空格，输出： helloworld
echo "<br>".trim("****a*b*c****","*");
                            // 去除前后的指定字符，输出：a*b*c
?>
```

4. 字符串的查找

PHP 中用于查找、匹配或定位的函数非常多，这里只介绍比较常用的 strstr() 函数和 stristr() 函数，这两者的功能、返回值都一样，只是 stristr() 函数不区分大小写。

strstr() 函数的语法格式如下：

```
string strstr(string $string, string $substring)
```

说明：strstr() 函数用于查找子字符串 $substring 在字符串 $string 中出现的位置，并返回 $string 字符串中从 $substring 开始到 $string 字符串结束处的字符串。如果没有返回值，即没有发现 $substring，则返回 FALSE。

例如：

```
<?php
$email="1234@qq.com";
if(strstr($email,"qq"))
    echo "yes";          // 输出 "yes"
else
    echo "no";
?>
```

5. 截取字符串

在 PHP 中有一项非常重要的技术，就是截取指定字符串中指定长度的字符。PHP

对字符串截取可以采用 substr() 函数实现。语法格式如下：

```
string substr(string $str, int $start [, int $length])
```

说明：$str 指定字符串对象；$start 指定开始截取字符串的位置，如果参数 start 为负数，则从字符串的末尾开始截取；$length 为可选参数，指定截取字符的个数，如果 length 为负数，则表示取到倒数第 $length 个字符。

注意：$start 的指定位署是从 0 开始计算的，即字符串中的第一个字符的位置表示为 0。

例如：

```php
<?php
$sfzh="211002202201010123";
echo substr($sfzh,6,4); //输出 2022
?>
```

6. 字符串与 ASCII 码

在字符串操作中，使用 ord() 函数可以返回字符的 ASCII 码，也可以使用 chr() 函数返回 ASCII 码对应的字符，例如：

```php
<?php
echo ord("A");          // 输出 65
echo chr(98);           // 输出 "b"
?>
```

7. 字符串加密函数

PHP 提供了 md5() 函数可实现对字符串的加密功能，这个函数使用 MD5 散列算法，将一个字符串转换成一个长 32 位的唯一字符串，这个过程是不可逆的。例如：

```php
<?php
$str="123456";
echo md5($str);         // 输出 "e10adc3949ba59abbe56e057f20f883e"
$str1="12345";
if(md5($str)=== "e10adc3949ba59abbe56e057f20f883e")
    echo "密码正确";
else
    echo "密码错误";   //输出"密码错误"
?>
```

8. 将字符转换为 HTML 实体形式

HTML 代码都是由 HTML 标记组成的，如果要在页面上输出这些标记的实体形式，如"<h1></h1>"，就需要使用一些特殊的函数将一些特殊的字符（如"<""">"等）转换为 HTML 的字符串格式。函数 htmlspecialchars() 可以将字符转化为 HTML 的实体形式，该函数转换的特殊字符及转换后的字符见表 3-4。

表 3-4　可以转化为 HTML 实体形式的特殊字符

原字符	字符名称	转换后的字符
&	AND 记号	&amp;
"	双引号	&quot;
'	单引号	&#039;
<	小于号	&lt;
>	大于号	&gt;

htmlspecialchars() 函数的语法格式如下：

```
string htmlspecialchars(string $string [, int $quote_style [, string
$charset [, bool $double_encode ]]])
```

参数 $string 是要转换的字符串，$quote_style、$charset 和 $double_encode 都是可选参数。$quote_style 指定如何转换单引号和双引号字符，取值可以是 ENT_COMPAT（默认值，只转换双引号）、ENT_NOQUOTES（都不转换）和 ENT_QUOTES（都转换）。$charset 是字符集，默认为 ISO-8859-1。参数 $double_encode 是 PHP 5.2.3 新增加的，如果为 FALSE 则不转换成 HTML 实体，默认为 TRUE。例如：

```
<?php
$new="<h1>hello</h1>";
echo $news;                         // 页面输出一级标题的 "hello"
echo htmlspecialchars($new);        // 页面中输出 "<h1>hello</h1>"
?>
```

3.2.3　字符串的比较

字符串比较函数用于对比两个字符串之间的大小关系，如密码和确认密码是否相同等。PHP 中的字符串比较函数有 strcmp()、strcasecmp()、strncmp() 和 strncasecmp()。语法格式如下：

字符串比较

```
int strcmp(string $str1 , string $str2)
int strcasecmp(string $str1 , string $str2)
int strncmp(string $str1 , string $str2 , int $len)
int strncasecmp(string $str1 , string $str2 , int $len)
```

说明：$str1 和 $str2 是要比较的两个字符串，$len 是要比较的长度。

这 4 个函数都用于比较两个字符串的大小，如果 $str1 比 $str2 大，则它们都返回 1；如果 $str1 比 $str2 小，则返回 –1；如果两者相等，则返回 0。

不同的是，strcmp() 函数用于区分大小写的字符串比较；strcasecmp() 函数用于不区分大小写的比较；strncmp() 函数用于比较字符串的一部分，$len 是要比较的长度；strncasecmp() 函数的作用和 strncmp() 函数一样，只是 strncasecmp() 函数不区分大小写。例如：

```php
<?php
echo "====== 串比较 =======<br>";
echo strcmp('abcd','aBde');          // 输出 1
echo strcmp('ab','abc');             // 输出 -1
echo strcmp('abc','abc');            // 输出 0
echo strcasecmp('abcD','ABCd');      // 不区分大小写的比较，输出 0
echo "<br>".strncmp('abCd','abcd',3);   // 比较前 3 个字符，输出 -1
echo "<br>".strncasecmp('abcd','ABcf',3); // 比较前 3 个字符，不区分大小
                                          // 写，输出 0

$a="abc";
$b="abd";
if(strcmp($a,$b)==0)
    echo " 相等 ";
    else
    echo " 不相等 ";              // 输出 "不相等"
?>
```

3.2.4　字符串的替换

在实际程序处理中，常会遇到需将字符串中的部分字符替换为其他字符的情形，如将字符串中的 "a" 替换为 "A"，此时我们可使用字符串替换函数来完成。再比如若需要去掉字符串中间的指定字符，用前面学过的裁剪函数就无能为力了，这时也可以使用字符串替换函数。

字符串替换函数

PHP 中的字符串替换函数有两个：str_replace() 和 substr_replace()。

1. str_replace() 函数

字符串替换操作中最常用的就是 str_replace() 函数，语法格式如下：

```
mixed str_replace ( mixed $old , mixed $new , mixed $string[,
int &$count ] )
```

说明：str_replace() 函数使用新的字符串 $new 替换字符串 $string 中的 $old 字符

串。$count 是可选参数，表示要执行的替换操作的次数，$count 是 PHP 5.0 中添加的。例如：

```php
<?php
$a="I am a girl";
 $b="boy";
 echo str_replace("girl",$b,$a);  //输出 "I am a boy"
?>
```

str_replace() 函数对大小写敏感，还可以实现多对一、多对多的替换，但无法实现一对多的替换，例如：

```php
<?php
$a="I am a girl";
$arr=array('a','e','i','o','u');
$arr1=array('A','E','I','O','U');
echo str_replace($arr,"*",$a);      // 多对一的替换, 输出 "I *m * g*rl"
echo str_replace($arr,$arr1,$a);    // 多对多的替换, 输出 " I Am A gIrl"
?>
```

如果在执行替换操作时不区分大小写，则可以使用 str_ireplace 函数，其用法与 str_replace 基本相同，只是不区分大小写。

2. substr_replace() 函数

substr_replace() 函数用于将指定范围内的字符串替换为另外的字符串。其语法格式如下：

```
mixed substr_replace(mixed $string, string $replacement, int
$start [, int $length ])
```

说明：参数 $string 为原始的字符串内容或字符串变量，$replacement 为要替换的字符串。$start 表示从字符串的哪个位置开始替换，默认值是从首字符开始，如果是负数 N，即从字符串的尾部倒数第 N 个字符开始。$length 是可选参数，表示要替换的长度，如果不给定则从 $start 位置开始一直到字符串结束；如果 $length 为 0，则替换字符串会插入原字符串；如果 $length 是正值，则表示要用替换字符串替换掉的字符串长度；如果 $length 是负值，表示从字符串末尾开始到 $length 个字符为止停止替换。

例如：

```php
<?php
$a="She is Rose."
echo substr_replace($a,"Mary",7); //输出 "She is Mary"
```

```
echo substr_replace($a,"This",0,3); //输出 "This is Rose"
echo substr_replace($a,"Hi,",0,0);        // 输出 "Hi,She is Rose."
echo substr_replace($a,"Lily",7,-1);      // 输出 "Hi,She is Lily."
?>
```

注意：替换函数并不会改变原变量中的值。

3.2.5　字符串与数组

字符串与数组之间，可以通过 explode() 与 implode() 两个函数互相转换。

1. 字符串转化为数组

explode() 函数用于将一个字符串以某个字符为分隔符，分隔成几部分，每部分作为数组的一个元素值，其返回值是一个数组。语法格式如下：

```
array explode(string $str , string $string [, int $limit ])
```

说明：此函数返回由字符串组成的数组，每个元素都是 $string 的一个子串，它们被字符串 $str 作为边界点分隔出来。如果设置了 $limit 参数，则返回的数组包含最多 $limit 个元素，而最后那个元素将包含 $string 的剩余部分。

例如：

```
<?php
$date="2022/1/31";
$d=explode("/",$date);//以 / 为拆分符,将字符串拆分成数组 $d
print_r($d);                // 输出 Array ( [0] => 2022 [1] => 1 [2] => 31 )
$d=explode("/",$date,2);//拆分为 2 个元素
print_r($d);                // 输出 Array ( [0] => 2022 [1] => 1/31 )
?>
```

2. 数组转化为字符串

使用 implode() 函数可以将数组中的字符串连接成一个字符串，语法格式如下：

```
string implode(string $str , array $array)
```

$array 是保存要连接的字符串的数组，$str 是用于连接字符串的连接符。例如：

```
<?php
$array=array(18,20,30);
$str=implode(":",$array);                   //使用 ":" 作为连接符
echo $str;                                   //输出 "18:20:30"
?>
```

任务实现

留言程序

【任务内容】

设计一个留言输入页面，具体信息包括用户名、密码、确认密码和留言。要求页面上所有信息为必填；用户名要求字符数为 2 ～ 10 个字符；密码和确认密码要求必须一致；留言内容中要求包括"PHP"字样。

【学习目标】

掌握字符串及相关函数的使用。

【知识要点】

字符串函数。

【操作步骤】

新建文件 ex3_2.php，设计页面代码如下：

```
<!doctype html>
<html>
<head>
<meta charset="gb2312">
<title> 留言处理程序 </title>
</head>
<body>
<!-- 以下是留言表单 -->
<form name="f1" method="post" action="">
<table width="400" cellspacing="0" cellpadding="0">
  <tr>
    <td width="70"> 用户名：</td>
    <td><input type="text" name="name" ></td>
  </tr>
   <tr>
    <td width="70"> 密码：</td>
    <td><input type="password" name="pass" size=10></td>
  </tr>
   <tr>
    <td width="70"> 确认密码：</td>
    <td><input type="password" name="pass1" size=10></td>
  </tr>
  <tr>
    <td> 留言：</td>
```

```
    <td><textarea name="note" rows=10 cols=35></textarea></td>
  </tr>
  <tr>
    <td colspan="2" align="center">
    <input type="submit" name="tj" value=" 提交 ">  
    <input type="reset" name="clear" value=" 清空 "></td>
    </tr>
</table>
</form>
</body>
</html>
<?php
if(isset($_POST['tj']))
{
        $name=$_POST['name'];
        $pass=$_POST['pass'];
        $pass1=$_POST['pass1'];
        $note=$_POST['note'];                    //接收留言
        if(!$name||!$pass||!$pass1||!$note)      //判断是否输入相关信息
            echo "<script>alert(' 信息不可以为空!')</script>";
        else
        {
            $meg="";                              //统计错误信息
            if(strlen($name)<2||strlen($name)>10)
                $meg.= "用户名必须为 2-10 个字符!<br>";
            if(strcmp($pass,$pass1)!=0)
                $meg.=" 两次输入的密码不一致!<br>";
            if(!strstr($note,"php"))
                $meg.=" 留言与 php 无关!<br>";
            if($meg!="")
                {echo $meg;}
            else
                {
                $newnote=str_ireplace("php","<font color=
'red'>PHP 技术 </font>",$note);
                echo "用户 ".$name." 您好 <br> 您的留言是:"
.$newnote;
```

```
                    }


            }
    }
```

【预览效果】

运行程序，当输入了各项信息但不符合要求时，将会给出相关错误信息提示，例如当我们输入了用户名少于 2 个字符，留言中不含有"PHP"（包括大小写）时，显示结果如图 3-2 所示。

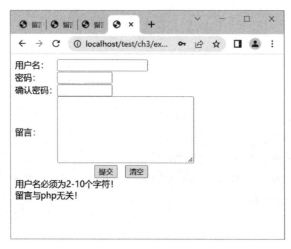

图 3-2　运行效果

留言预览效果如图 3-3、图 3-4 所示。

图 3-3　输入信息

图 3-4　显示结果

上述案例中，我们通过字符串比较函数对两次输入的密码进行了确认比较，从而可更好地保证密码的准确，也使得用户能够牢记密码。对输入的留言信息，我们采用了字符串查找函数对留言内容进行了检测，可检测留言信息是否与版块内容相关。此功能也可以用于检测留言中是否含有不文明、反动等语言，能够更好地维护网络文明。

任务 3.3　从注册信息检验中学习正则表达式的使用

◎ 任务描述

上一任务中学习了通过使用字符串函数实现了对输入信息的简单检验，但在 Web 项目开发中，经常需要对表单中文本框所输入的内容进行更为复杂的限制。例如，在新用户注册界面中，要求用户名只能使用单词字符（字母、数字及下画线），密码只能是 6 ～ 10 位的数字，手机号码必须是 1 开头的 11 位的数字，身份证号必须为 18 位有效信息，试考虑如何实现。

◎ 知识准备

做任何事情，都需要有规则。正所谓"国不可一日无法，家不可一日无规"，规则规范着我们的行为，做事守规矩，是做人的基本品质。生活在这个世界上或多或少，都要受到规则的束缚。假如没有法律条文，社会就会一片混乱；假如没有交通规则，道路将寸步难行。当我们在网页上注册信息时，如果没有规则约束，就将产生大量的非法数据，如错误的身份证号、错误的电话号码等信息，使数据处理变得混乱，也白白浪费了存储资源。

要完成一个复杂表单的数据信息验证，可能需要很多代码来实现，而这一需求在项目开发中频繁出现，因此，出现了正则表达式这一技术。

3.3.1　认识正则表达式

什么是正则表达式？正则表达式实际上就是一个字符串，只不过它是一个特殊的字符串，有自己的语法，其中还包含了很多特殊含义的字符，通过其语法可以编写出一个规则，我们一般叫作"模式"，配合 PHP 提供的相关处理函数，可以对用户输入的字符串信息进行验证，判断其是否符合正则表达式的规则。

正则表达式

3.3.2　正则表达式的基本语法

一个完整的正则表达式可以分成四个部分：定界符、原子、元字符和模式修正符。例如正则表达式"/^a\d{6}$/i"，其中"/"为定界符，"a""\d"为原子，"{6}""$"为元字符，"i"为修正符。

1. 定界符

定界符是一个正则表达式的必需部分，不能省略，它将正则表达式与普通字符串分开来。而且正则表达式的原子部分和元字符部分都应该放在定界符中，而模式修正符放在定界符外面。

除字母、数字和反斜线 "\" 以外的任何字符都可以为定界符号，比如 "$" "#" 等，但如果没有特殊需要，我们都使用正斜线 "/" 作为正则表达式的定界符。

2. 原子

原子是正则表达式的最基本组成单位，要求必须至少包含一个原子。

原子主要包括以下内容：

（1）单个字符、数字，如 a~z，A~Z，0~9。

（2）模式单元，如（ABC）可以理解为由多个原子组成的大的原子。

（3）原子表，如 [ABC]。

（4）普通转义字符，如：\d，\D，\w。

（5）转义元字符，如：*。

（6）元字符。

3. 元字符

元字符是具有特殊意义的字符。通过元字符和普通字符的不同组合，可以写出不同意义的正则表达式。

PHP 支持两种风格的元字符表达。表 3-5 列出了 POSIX 风格正则表达式支持的语法格式。

表 3-5　POSIX 风格正则表达式语法格式列表

字符	描述
.	匹配除 "\n" 之外的任何单个字符，要匹配包括 '\n' 在内的任何字符，可以使用 '[.\n]' 的模式
\	转义字符，用于转义特殊字符。例如，'.' 匹配单个字符，'\.' 匹配一个点号。'\-' 匹配连字符 '–', '\\' 匹配符号 '\'
^	匹配输入字符串的开始位置。例如 '^he' 表示以 'he' 开头的字符串
$	匹配输入字符串的结束位置。例如，'ok$' 表示以 'ok' 结尾的字符串
{n}	n 是一个非负整数。匹配确定的 n 次
{n,}	n 是一个非负整数。至少匹配 n 次
{n,m}	m 和 n 均为非负整数，其中 n ≤ m。最少匹配 n 次且最多匹配 m 次。例如，"o{1,3}" 将匹配 "fooooood" 中的前三个 'o'。'o{0,1}' 等价于 'o?'。请注意在逗号和两个数之间不能有空格
*	匹配前面的子表达式零次或多次。等价于 {0,}
+	匹配前面的子表达式一次或多次。等价于 {1,}
?	匹配前面的子表达式零次或一次。等价于 {0,1}
x|y	匹配 x 或 y。例如，'g|food' 能匹配 "g" 或 "food"，'(g|f)ood' 则匹配 "good" 或 "food"

字符	描述
[xyz]	字符集合。匹配所包含的任意一个字符
[^xyz]	负值字符集合。匹配未包含的任意字符
[a-z]	字符范围。匹配指定范围内的任意字符。例如，'[a-z]' 可以匹配 'a' 到 'z' 范围内的任意小写字母字符
[^a-z]	负值字符范围。匹配不在指定范围内的任意字符。例如，'[^a-z]' 可以匹配不在 'a' 到 'z' 范围内的任意字符

以下是几个简单的正则表达式的例子：

'[A-Za-z0-9]'：表示所有的大写字母、小写字母及 0 ～ 9 的数字。

'^hello'：表示以 hello 开始的字符串。

'world$'：表示以 world 结尾的字符串。

'^[a-zA-Z]'：表示一个以字母开头的字符串。

'a{2}'：表示连续的两个字母 ai。

'(abc)+'：表示至少含有一个 'abc' 字符串的字符串。

掌握了一些简单的正则表达式的写法，就可以进一步组合成更复杂的正则表达式。

Perl 兼容的正则表达式要比 POSIX 风格的正则表达式更复杂一些，Perl 兼容的正则表达式除了支持表 3-5 列出的语法格式外，还可以通过转义字符"\"和一些特殊字母的组合实现某些特殊的语法。表 3-6 列出了这些组合及它们的作用，通过表中的组合可以使正则表达式变得简洁。

表 3-6　Perl 兼容正则表达式扩充的语法格式

字符	描述
\d	匹配一个数字字符。等价于 '[0-9]'
\D	匹配一个非数字字符。等价于 '[^0-9]'
\w	匹配包括下划线的任何单词字符。等价于 '[A-Za-z0-9_]'
\W	匹配任何非单词字符，等价于 '[^A-Za-z0-9_]'
\s	匹配任何空白字符，包括空格、制表符、换页符等
\S	匹配任何非空白字符
\n	匹配一个换行符
\r	匹配一个回车符
\t	匹配一个制表符
\f	匹配一个换页符

4. 模式修正符

如果对正则表达式的匹配需求是不区分大小写，可以使用模式修正符"i"来实现。例如："a/i"表示可匹配 a 或 A。

3.3.3 字符串匹配

在 PHP 中，可以通过 preg_match () 函数、preg_match_all () 函数和 preg_grep () 函数完成字符串匹配与查找操作。

1. preg_match() 函数

preg_match () 函数根据正则表达式的模式对指定的字符串进行搜索和匹配。其语法如下：

```
int preg_match(string $pattern , string $subject [, array $matches
[, int $flags ]])
```

说明：在 $subject 字符串中搜索与 $pattern 给出的正则表达式相匹配的内容。preg_match() 函数返回 $pattern 所匹配的次数。不是 0 次（没有匹配）就是 1 次，因为 preg_match() 函数在第一次匹配之后将停止搜索。例如：

```php
<?php
$string= "I love PHP.";
                              //模式定界符后面的 "i" 表示不区分大小写字
                                母的搜索
$num=preg_match ('/php/i', $string);
echo $num;                    //输出 1
?>
```

函数如果提供了 $matches 参数，则其会被搜索的结果所填充。$matches[0] 将包含与整个模式匹配的文本，$matches[1] 将包含与第一个捕获的括号中的子模式所匹配的文本，以此类推。例如：

```php
<?php
header("content-type:text/html;charset=utf-8");
$str="158****998";            //被验证的字符串
$reg='/(\d)([345])(\d)/';     //正则表达式
if (preg_match($reg,$str,$arr)){
    echo "匹配成功!<br/>";
        print_r($arr);        //结果为 Array([0]=158 [1]=1 [2]=5 [2]=8)
}else{
    echo "没匹配上!<br/>";
}
?>
```

2. preg_match_all() 函数

PHP 中还有另一个字符串匹配函数 preg_match_all()。语法格式如下：

```
int preg_match_all(string $pattern , string $subject , array $matches
[, int $flags ])
```

说明：该函数的语法格式与 preg_match() 函数相同，作用也是搜索指定字符串并放到相应数组中。不同的是，preg_match() 函数在搜索到第一个匹配结果时就停止匹配，而 preg_match_all() 函数搜索到第一个匹配结果后会从第一个匹配项的末尾开始继续搜索，直到搜索完整个字符串。

3. preg_grep() 函数

preg_grep() 函数返回匹配模式的数组条目。其语法格式如下：

```
array preg_grep ( string $pattern , array $input [, int $flags = 0] )
```

说明：函数功能为返回给定数组 input 中与模式 pattern 匹配的元素组成的数组。

◉ 任务实现

新用户注册信息的检验

【任务内容】

设计新用户注册界面，要求：用户名只能使用单词字符（字母、数字及下画线），长度不超过 10 个字符；密码只能是 6 ～ 10 位的单词字符；手机号码必须是 1 开头的 11 位的数字；身份证号必须为 18 位有效信息。

【学习目标】

掌握正则表达式的使用。

【知识要点】

正则表达式的语法规则。

【操作步骤】

新建文件 ex3_3.php，输入代码如下：

```html
<!doctype html>
<html>
<head>
<title>新用户注册</title>
 <meta charset="UTF-8">
 <style>
    td:first-child{text-align:right;}
    .remark { color: red;}
    #err{color:blue;}
 </style>
</head>
<body>
      <h2 align="center">新用户注册</h2>
```

```
        <form method="post" action="">
        <table align="center">
            <tr>
                <td> 用户名：</td>
                <td><input type="text" name="username"/></td>
                <td class="remark"> 不超 10 个字符 ( 包含字母、数字、下画线 )</td>
            </tr>
            <tr>
                <td> 密码：</td>
                <td> <input type="password" name="pwd"/></td>
                <td class="remark">6~10 个字符 ( 包含字母、数字、下画线 )</td>
            </tr>
            <tr>
                <td> 手机：</td>
                <td><input type="text" name="tel"/></td>
                <td class="remark">11 位数字，第 1 位为 1，第 2 位为 3、
5、7 或 8</td>
            </tr>
            <tr>
                <td> 身份证号码：</td>
                <td><input type="text" name="ID"/></td>
                <td class="remark">18 位有效身份证号 </td>
            </tr>
        </table>
        <p align="center"><input type="submit" name="tj" value=
" 提交 "/> </p>
    </form>
</body>
</html>
<?php
if(isset($_POST['tj'])){
                                    // 接收表单数据
    $username=$_POST['username'];
    $pwd=$_POST['pwd'];
    $ID=$_POST['ID'];
    $tel=$_POST['tel'];
    $meg="";                        // 验证失败的错误信息汇总
                                    // 验证用户名：不超过 10 个字符
    if(!preg_match('/^\w{1,10}$/', $username)){
        $meg.=" 用户名不能超 10 个字符，包含字母、数字、下画线 !<br/>";
```

```
    }
                                            // 验证密码：6~10 位字符 ( 包含字母，
                                               数字，下画线 )
    if(!preg_match('/^\w{6,10}$/', $pwd)){
        $meg.=" 密码必须是 6~10 个字符，包含字母、数字、下画线 !<br/>";
    }
                                            // 验证手机号：11 位数字，第一位为 1，
                                               第二位为 3,5,7,8
    if(!preg_match('/^1[3578]\d{9}$/', $tel)){
        $meg.=" 手机号码格式错误 !<br/>";
    }
                                            // 验证身份证
    if(!preg_match('/^\d{17}[0-9Xx]$/', $ID)){
        $meg.=" 身份证格式错误 !<br/>";
    }
                                            // 如果 $meg 为空，则验证成功，否则输
                                               出错误信息
    if($meg==""){
        echo ' 新用户注册成功！';
    }
    else{
        echo "<div id='err' >{$meg}</div>";
    }
}
?>
```

【预览效果】

程序运行效果如图 3-5、图 3-6 所示。

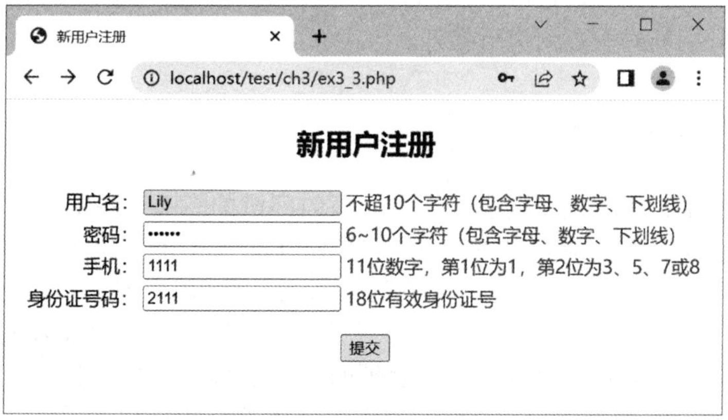

图 3-5　输入界面及信息

图 3-6　显示结果

任务 3.4　从日历程序中学习日期和时间函数的使用

◎ 任务描述

在 Web 开发中，对日期和时间的使用与处理是必不可少的，例如，在电子商务网站上查看最新商品、在论坛中查看最新主题、定时删除某些网站信息等。现希望实现在页面上进行日历的显示，以实现日期的查看功能。

此类问题主要涉及日期和时间的处理，可通过 PHP 中的日期类相关函数来解决。

◎ 知识准备

PHP 中提供了一系列的日期和时间相关的函数，利用这些函数可以方便地对日期和时间数据进行处理。

时间戳

3.4.1　时间戳的基本概念

在了解日期和时间类型的数据时需要了解时间戳的意义。PHP 中的时间日期，使用的是 UNIX 的时间戳机制，以格林尼治时间 1970-1-1 00:00:00 为 0 秒，向后以秒为单位累加计时，如 1970-1-1 01:00:00 的时间戳是 3600。1970 年 1 月 1 日零点也称为 UNIX 纪元。在 Windows 系统下也可以使用 UNIX 时间戳，简称为时间戳，但如果时间是在 1970 年以前或 2038 年以后，处理的时候可能会出现问题。

PHP 在处理有些数据，特别是对数据库中时间类型的数据进行格式化时，经常需要先将时间类型的数据转化为 UNIX 时间戳再进行处理。另外，不同的数据库系统对时间类型的数据不能兼容转换，这时就需要将时间转化为 UNIX 时间戳，再对时间戳进行操作，这样就实现了不同数据库系统的跨平台性。

3.4.2　设置时区

整个地球分为 24 个时区，每个时区都有自己的本地时间。同一时间，每个时区的本地时间相差 1 ～ 23 小时，例如，英国伦敦本地时间与北京本地时间相差 8 个小时。系统默认的是格林尼治标准时间，所以显示当前时间时可能与本地时间会有差别。PHP 提供了可以修改时区的函数 date_default_timezone_set()，语法格式如下：

```
bool date_default_timezone_set (string $timezone)
```

说明：参数 $timezone 为要指定的时区，中国大陆可用的值是 Asia/Chongqing，Asia/Shanghai，Asia/Urumqi（依次为重庆、上海、乌鲁木齐）。北京时间可以使用 PRC。
例如：

```
date_default_timezone_set('PRC');                    // 时区设置为北京时间
```

3.4.3　时间转换为时间戳

PHP 中的时间日期，使用的是 UNIX 的时间戳机制，因而其设计的日期和时间处理函数的处理对象要求必须是时间戳，因而在进行日期时间处理之前，我们需将现实生活中的日期时间转化为时间戳。PHP 中提供了两个生成时间戳的函数：strtotime() 和 mktime()。

1. strtotime() 函数

strtotime() 函数的功能是将日常阅读习惯中的日期时间换算为 UNIX 时间戳，语法格式如下：

```
int strtotime(string $time [, int $now ])
```

说明：参数 $time 可以是类似"年 – 月 – 日"或"年 – 月 – 日时：分：秒"格式的时间表达式（也可以是英语日期格式），也可以是类似 today、yesterday 类的时间单词，还可以是 last month 类的时间短语。
例如：

```
<?php
echo strtotime('2022-03-05')."<br>";               // 输出 1646409600
echo strtotime('2022-03-05 8:20:30')."<br>";       // 输出 1646439630
echo strtotime("5 March 2022");                    // 输出 1646409600
echo strtotime("yesterday");                       // 输出 1654358400
?>
```

注意：如果给定的年份是两位数字的格式，则年份值 0 ～ 69 表示 2000 ～ 2069，70 ～ 100 表示 1970 ～ 2000。

strtotime() 函数并不能保证能识别、转换其参数中所有的字符串内容，因此需要用户自行检查参数内容，以免出现意想不到的错误。如下例：

```
$d=strtotime("two days later");                    //错误
```

2. mktime() 函数

mktime() 函数的功能是将一个时间日期值换算为 UNIX 时间戳。其语法格式如下：

```
int mktime([int $hour [, int $minute [, int $second [, int $month
[, int $day [, int $year]]]]]])
```

说明：参数列表，按"时，分，秒，月，日，年"的顺序设置。如果所有的参数都为空，则默认为当前时间。mktime() 函数对于参数中设置越界的数值，能够自动运算校正。

例如：

```
<?php
echo "<br>";
echo mktime(0,0,0,3,5,2022); //2002 年 3 月 5 日，输出 1646409600
echo mktime(8,20,30,3,5,2022); //2022 年 3 月 5 日 3 时 20 分，输出 1646439630
?>
```

3.4.4 获取日期和时间

1. time() 函数

time() 函数用来返回当前时间的时间戳，其语法格式为

获取日期和时间函数

```
int time()
```

此函数没有参数。

2. date() 函数

PHP 中最常用的日期和时间函数就是 date() 函数，该函数的作用是将时间戳按照给定的格式转化为具体的日期和时间字符串，语法格式如下：

```
string date(string $format [, int $timestamp ])
```

说明：$format 指定了转化后的日期和时间的格式，是必填参数；"timestamp"是可选参数，用于指定需要转换格式的时间戳。如果不填，默认为系统当前的时间戳，即默认值为 time() 函数的值。

"format"参数须依据 PHP 已经规定的格式字符进行设置。具体见表 3-7。

表 3-7 date 函数常用格式字符

字符	说明	返回值例子
d	月份中的第几天，有前导零的 2 位数字	01～31
D	星期中的第几天，用 3 个字母表示	Mon～Sun
j	月份中的第几天，没有前导零	1～31
l	星期几，完整的文本格式	Sunday～Saturday
N	ISO 8601 格式数字表示的星期中的第几天	1（星期一）～7（星期天）
S	每月天数后面的英文后缀，用 2 个字符表示	st、nd、rd 或 th，可以和 j 一起用
w	星期中的第几天，数字表示	0（星期天）～6（星期六）
z	年份中的第几天	0～365
W	ISO 8601 格式年份中的第几周，每周从星期一开始	例如，42（当年的第 42 周）
F	月份，完整的文本格式，如 January 或 March	January～December
m	数字表示的月份，有前导零	01～12
M	3 个字母缩写表示的月份	Jan～Dec
n	数字表示的月份，没有前导零	1～12
t	给定月份所应有的天数	28～31
L	是否为闰年	如果是闰年为 1，否则为 0
Y	4 位数字完整表示的年份	例如，1999 或 2003
y	2 位数字表示的年份	例如，99 或 03
a	小写的上午和下午值	am 或 pm
A	大写的上午和下午值	AM 或 PM
g	小时，12 小时格式，没有前导零	1～12
G	小时，24 小时格式，没有前导零	0～23
h	小时，12 小时格式，有前导零	01～12
H	小时，24 小时格式，有前导零	00～23
i	有前导零的分钟数	00～59
s	秒数，有前导零	00～59

例如：

```
echo time();                          // 输出当前时间的时间戳
```

date 函数的 $format 参数的取值见表 3-7。

例如：

```php
<?php
echo date("Y-m-d");                              // 显示前导 0，输出 2022-04-30
echo "<br>".date("Y-n-j");                        // 不显示前导 0，输出 2022-4-30
echo "<br>".date("D");                            //3 个字母表示的英文星期，输出 Sat
echo "<br>".date("l");                            // 英文星期，输出 Saturday
echo "<br>".date("H:i:s");                        // 时：分：秒
echo "<br>".date("L");                            // 判断是否为闰年，输出 0
echo "<br>".date("l",strtotime("2022-1-2"));      // 输出 Friday
?>
```

3. getdate() 函数

使用 getdate() 函数也可以获取日期和时间信息，语法格式如下：

```
array getdate([ int $timestamp ])
```

说明：$timestamp 是要转化的时间戳，如果不给出则使用当前时间。getdate() 函数返回的是一个包含日期和时间信息的数组，数组的键名和值见表 3-8。

表 3-8　getdate() 函数返回的数组中的键名和值

键名	说明	值的例子
seconds	秒的数字表示	0 ～ 59
minutes	分钟的数字表示	0 ～ 59
hours	小时的数字表示	0 ～ 23
mday	月份中第几天的数字表示	1 ～ 31
wday	星期中第几天的数字表示	0（表示星期天）～ 6（表示星期六）
mon	月份的数字表示	1 ～ 12
year	4 位数字表示的完整年份	例如：1999 或 2003
yday	一年中第几天的数字表示	0 ～ 365
weekday	星期几的完整文本表示	Sunday ～ Saturday
month	月份的完整文本表示	January ～ December
0	自 UNIX 纪元开始至今的秒数	系统相关，典型值从 –2 147 483 648 ～ 2 147 483 647

例如：

```php
<?php
$d=getdate(mktime(0,0,0,2,8,2002));
print_r($d);
```

```
/* 输出
Array ( [seconds] => 0 [minutes] => 0 [hours] => 0 [mday] => 8
[wday] => 5 [mon] => 2 [year] => 2002 [yday] => 38 [weekday]
=> Friday [month] => February [0] => 1013097600 ) */
echo "你的生日是".$d['year']."年".$d["mon"]."月".$d["mday"]."日";
                             //你的生日是2002年2月8日
echo "是：".$d["weekday"];  //是：Friday
?>
```

3.4.5　其他日期操作

1. 日期和时间的计算

由于时间戳是 32 位整型数据，所以通过对时间戳进行加减法运算可计算两个时间的差值。例如：

```
<?php
$oldtime=mktime(0,0,0,9,24,2021);
$newtime=mktime(0,0,0,4,12,2022);
$days=($newtime-$oldtime)/(24*3600);      //计算两个时间相差的天数
echo $days;                               //输出200
?>
```

2. 检查日期

checkdate() 函数可以用于检查一个日期数据是否有效，语法格式如下：

```
bool checkdate( int $month , int $day , int $year)
```

例如：

```
<?php
var_dump(checkdate(1,31,2020));           //输出bool(TRUE)
var_dump(checkdate(2,29,2022));           //输出bool(FALSE)
?>
```

◎ **任务实现**

日历显示

【任务内容】

在网页上显示当月日历，并将当天的日期红色显示。

【学习目标】

掌握 PHP 中日期函数的使用。

【知识要点】

日期函数。

【操作步骤】

新建文件 ex3_4.php 文件，输入以下代码：

```
<!doctype html>
<html>
<head>
<meta charset="gb2312">
<title> 日历程序 </title>
<style>
table {
    margin: 0 auto;
}
th{
    height:30px;
    background-color:#eee;
}
td {
    text-align: center;
    width: 50px;
    height:30px;
    border: 1px solid #ccc;
}
#week{
    background-color:skyblue;
    color:white;
    font-weight:bolder;
}
</style>
</head>
<body>
<?php
date_default_timezone_set("PRC");                          // 设置时区

$year = date("Y");                                         // 初始化为本年度的年份
$month = date("n");                                        // 初始化为本月的月份
$day = date("j");                                          // 获取当天的天数
```

```php
$wd_arr=array("日","一","二","三","四","五","六");
                                            // 星期数组
$wd=date("w",mktime(0,0,0,$month,1,$year));     // 计算当月第一天是星期几
$firstday=getdate(mktime(0,0,0,date("m"),1,date("Y")));
echo "<table cellspacing=0><tr>";
echo "<th colspan=7>";
echo $year."年".$month."月  月历 ";
echo "</th></tr>";
for($i=0;$i<7;$i++){
    echo "<td id='week'>$wd_arr[$i]</td>";       // 输出星期数组
}
echo "</tr>";
$tnum=$wd+date("t",mktime(0,0,0,$month,1,$year));
                                            // 计算星期几加上当月的
                                            //   天数

for ($i= 0; $i < $tnum; $i++) {
    $date=$i+ 1 - $wd;                       // 计算日数在表格中的位置
    if($i%7== 0) {
        echo "<tr align=center>";            // 1 行的开始
     }
    echo "<td>";
    if($i>= $wd) {
        if($date==$day&&$month==date("n")&&$year ==date("Y")) {
                                            // 如果恰好是系统当天的日
                                            //   期，则将当天日期设置为
                                            //   红色并加粗

        echo "<b><font color=red>".$day."</font></b>";
        }else{
        echo $date;
        }
                                            // 输出日数

        echo "</td>";
        if($i%7==6)
            echo "</tr>";                     // 1 行的结束
    }
}
echo "</table>";
?>
```

【预览效果】

运行效果如图 3-7 所示。

图 3-7　运行效果

单元实训

数据处理

【实训内容】

1.数组的操作。

2.字符串的操作。

3.正则表达式的应用。

【实训目标】

1.掌握 PHP 中处理数组数据的方法。

2.掌握 PHP 中进行字符串处理的方法。

3.掌握 PHP 中正则表达式的使用方法。

【知识要点】

1.数组创建及使用。

2.字符串处理函数。

3.正则表达式规则。

【实训案例代码】

（1）使用循环对用户输入的 5 个数进行平均值计算，输出这 5 个数及比平均值小的数。

新建文件 sx3_1.php，代码如下：

```php
<?php
```

```php
header("Content-Type:text/html;charset=gb2312");
echo "请输入 5 个数：";
echo "<form method=post>";                      //新建表单
for($i=1;$i<=5;$i++)                             //循环生成文本框
{
                                                 //文本框的名字是数组名
    echo "<input type='text' name='stu[]' size='5'>";
    if($i<5)
        echo "-";
}
echo "<input type='submit' name='tj' value=' 提交 '>";
echo "</form>";
if(isset($_POST['tj']))                          //检查提交按钮是否按下
{
    $sum=0;                                      //初始化为 0
    $stu=$_POST['stu'];                          //将所有文本框的值赋给数组 $stu
    $num=count($stu);                            //计算数组 $stu 元素个数
    echo "您输入的数据有：";
    foreach($stu as $score)                      //遍历数组 $stu
    {
        echo $score." ";
        $sum+=$score;                            //计算所有值的和
    }
    $avg=$sum/$num;                              //计算平均值
    echo "<br> 平均值为：".$avg;
    echo "<br> 低于平均值的数为：";
    for($i=0;$i<$num;$i++)
    {
        if($stu[$i]<$avg)                        //判断是否低于平均值
        {
            echo $stu[$i]." ";
        }

    }
}
?>
```

运行结果如图 3-8 所示。

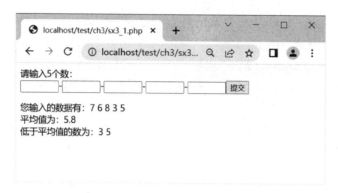

图 3-8　运行结果

思考与练习：如何将输入的数据升序输出显示？

（2）在网页上输入一段英文，统计出这段英文中的单词数及字符数（不包括空格）。

新建文件 sx3_2.php，输入代码如下：

```
<!doctype html>
<html>
<head>
<meta charset="gb2312">
<title>统计单词数和字符数</title>
</head>
<body>
<form method="post">
请在下面输入一段英文：<br>
<textarea name="t1" rows=5 cols=40></textarea><br>
<input type="submit" name="tj" value="提交">
</form>
<?php
if(isset($_POST["tj"]))
{
    $text=$_POST["t1"];
    $arr=explode(" ",$text);
    $word=count($arr);
    $len=0;
    foreach($arr as $str)
        $len+=strlen($str);
    echo "你输入的英文是：".$text."<br>";
    echo "单词数为：".$word."<br>";
    echo "字符数为（不包括空格）：".$len;
```

```
}
?>
```

运行结果如图 3-9 所示。

图 3-9　运行结果

思考与练习：如何采用替换函数将输入字符串中空格替换为空，然后统计字符数？

（3）应用正则表达式对输入的 QQ 号码和邮箱地址格式进行检验。

新建文件 sx3_3.php，输入如下代码：

```
<!doctype html>
<html>
<head>
<meta charset="gb2312">
<title>注册页面</title>
<style type="text/css">
<!--
.STYLE1{font-size: 14px; color:red;}
-->
</style>
</head>
<body>
<form name="fr1" method="post" action="">
<h3 align="center">用户注册</h3>
<table border="1" width=500 align="center">
<tr><td width=80>用户名：</td>
    <td><input type="text" name="ID">
    <td class="STYLE1">* 6~20 个字符（数字，字母和下画线）</td></tr>
<tr><td>QQ：</td>
```

```
        <td><input type="text" name="QQ"></td>
        <td class="STYLE1">* 5~13 位数字 </td></tr>
<tr><td> 邮箱 : </td>
        <td><input type="text" name="EMAIL"></td>
        <td class="STYLE1">* 有效的邮箱地址 </td></tr>
<tr><td colspan="3" align="center">
        <input type="submit" name="reg" value=" 注册 ">   
        <input type="reset"  value=" 取消 "></td></tr>
</table>
</form>
</body>
</html>
<?php
if(isset($_POST['reg']))
{
        $id=$_POST['ID'];
        $QQ=$_POST['QQ'];
        $Email=$_POST['EMAIL'];
        $checkid=preg_match('/^\w{6,20}$/',$id); // 检查是否为 6~20 个字符
        $checkQQ=preg_match('/^\d{5,13}$/',$QQ); //QQ 号码是否为 5~13 位数字

                                       // 检查 Email 地址的合法性
        $checkEmail=preg_match('/^[a-zA-Z0-9_\-]+@[a-zA-Z0-9\-]+\.
[a-zA-Z0-9\-\.]+$/',$Email);
        if($checkid&&$checkQQ&&$checkEmail)
            echo " 注册成功 !";
        else
        {
          if(!$checkid)
              echo "<script>alert(' 用户名格式错误 !')</script>";
          if(!$checkQQ)
              echo "<script>alert('QQ 号码格式错误 !')</script>";
          if(!$checkEmail)
              echo "<script>alert('Email 格式错误 !')</script>";
        }
}
?>
```

运行结果如图 3-10、图 3-11 所示。

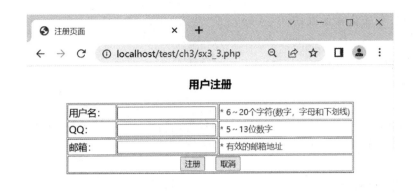

图 3-10 输入界面

图 3-11 输入错误 QQ 号码时运行结果

思考与练习：如有多个错误发生，如何在一个弹出窗口中显示？

习题

一、单项选择题

1. 以下说法错误的是（　　　）。

A. 数组中的每个元素都包含两项：键和值

B. 省略键名，自动产生从 0 开始的整数作为键名

C. 数组创建后，可以使用 count() 和 sizeof() 函数获得数组元素的键名

D. array_search() 函数用于检查数组中的值是否存在

2. 以下说法错误的是（　　　）。

A. sort() 函数可以对数组按原有键名进行升序排列

B. sort()、asort()、ksort() 都是对数组按升序排列的

C. rsort() 函数按数组中的值降序排序

D. krsort() 函数将数组中的键名按降序排序

3. 下面语句的输出结果是（　　　）。

```php
<?php
$xm=print "zhangsan";
echo $xm;
?>
```

A. zhangsan　　　　B. 1　　　　　　　　C. 0　　　　　　　　　　　　　D. print "zhangsan"

4. 下面语句的输出结果（　　　）。

```php
<?php
$str1="I am student";
$str2="Lily";
$str3=str_replace("student",$str2,$str1) echo $str3;?>
```

A. I am student　　　　　　　　　B. I am Lily

C. Lily am student　　　　　　　　D. I am student Lily

5. 在 str_replace(1,2,3) 函数中 1 2 3 所代表的名称是（　　　）。

A. "取代字符串" "被取代字符串" "来源字符串"

B. "被取代字符串" "取代字符串" "来源字符串"

C. "来源字符串" "取代字符串" "被取代字符串"

D. "来源字符串" "被取代字符串" "取代字符串"

6. 字符串的比较，是按（　　　）进行比较。

A. 拼音顺序　　　　　　　　　　B. ASCII 码值

C. 随机　　　　　　　　　　　　D. 先后顺序

7. 阅读以下代码，正确的运行结果是（　　　）。

```php
<?php
$day=mktime(6,20,00,5,20,2010);
echo date("m-d-Y H:i:s",$day);
?>
```

A. 2010-5-20 20:06:00　　　　　　B. 05-20-2010 20:06:00

C. 06-20-2010 05:20:00　　　　　　D. 05-20-2010 06:20:00

8. 下面关于 date() 函数支持的代码格式描述错误的是（　　　）。

A.a/A: 表示上午或者下午，以 am 或者 AM 表示

B.y: 表示用四位数显示年份

C.d: 表示月份中的日期

D.s: 表示时间秒，范围 sss 为 00~59

9. 以下函数不能用于过滤字符串空格的是（　　　）。

A. ltrim()　　　　B. trim()　　　　　　C. wtrim()　　　　　　　D. rtrim()

10. PHP 中关于字符串处理函数以下说法正确的是（　　　）。

A. implode() 方法可以将字符串拆解为数组

B. replace() 可以替换指定位置的字符串

C. substr() 可以截取字符串

D. strlen() 不能取到字符串的长度

11. 以下代码运行结果为（　　　）。

```php
<?php
$first = "This course is very easy !";
$second = explode(" ",$first);// 空格拆分
$first = implode(",", $second); // 逗号合并
echo $first;
?>
```

A.This,course,is,very,easy,!   B.This course is very easy !

C.This course is very easy !,   D. 提示错误

12. 下列说法正确的是（　　　）。

A. 数组的下标必须为数字，且从"0"开始

B. 数组的下标可以是字符串

C. 数组中的元素类型必须一致

D. 数组的下标必须是连续的

13. 能将字符串中的特殊字符转换成为 HTML 实体字符的函数是（　　　）。

A.nl2br()   B.strip_tags()

C.htmlspectialchars()   D.http_build_query()

14. 可以按分隔符号将字符串分隔成数组的函数是（　　　）。

A.implode   B.explode   C.sort   D.substr

二、多项选择题

1. 以下函数按值排序的是（　　　）。

A.sort()   B.asort()   C.rsort()   D.arsort()

2. 下面关于字符串处理函数说法错误的是（　　　）。

A.trim 可以对字符串进行拼接   B.str_replace 可以替换指定位置的字符串

C.substr 可以截取字符串   D.strtoupper 可以将字符变小写

单元 4
目录和文件操作

学习目标

【知识目标】

1.掌握目录的操作。

2.掌握文件的操作。

【能力目标】

1.能运用 PHP 操作目录和文件。

2.能够将文件操作熟练应用到实际文件处理的案例中。

【素养目标】

1.结合文件与输入输出流的关系，领悟全局和局部、国家与个人之间的关系，培养知行合一的品质，以切身行动彰显爱国情怀。

2.结合实训案例所描述的 IT 热门岗位，提升岗位认知、树立从业信心、明确学习目标、增强学习动力。

知识要点

1.目录的基本操作。

2.文件打开、关闭、写入和读取。

3.文件的上传和下载。

4.常用的文件处理函数。

情景引入

通过单元 3 的学习，小王学会了通过数组来进行学生成绩信息的处理，如输入、排序等，但小王发现，程序中输入的成绩数据是无法保存的，一旦程序运行结束，数据将自动消失。在网站设计中，我们是经常需要保存某些数据的，比如我们要制作一个网站访问人数的计数器、进行在线投票统计等。能否让程序中的数据像 TXT 文档一样保存起来呢？通过了解，小王知道 PHP 中是可以进行文件操作的。PHP 提供了丰富的文件处理函数，可以用来对文件打开、读取、写入、上传、下载等进行相关操作。相比数据库来说，无论是管理和读写速度，文件都有很大的优势。为实现类似计数器或投票程序的功能，小王决定继续深入学习目录和文件的相关操作。

任务 4.1　从文件计数器操作中学习文件读写函数

◎任务描述

在网站开发中，数据存储是非常重要的，程序中的数据会临时存储在内存中，但程序结束后，数据消失。为了长久保存数据，就要采用文件或数据库（后面单元会介绍）存储的方式。因此，对文件的打开、关闭、读取是必备的操作，通过下面学习来实现计数器的任务。

也许读者会想计数器程序，用几个变量存储就可以了，为什么非要麻烦用文件来存储呢？其实，文件和输入输出流，可以看成全局与局部的关系，有时，需要局部数据的传输，有时，务必要把数据作为整体进行处理。

就像个人与国家的关系一样。国家好了，人民才能好，国家富足了，人民才能强健。

◎知识准备

为了便于管理文件，通常将不同用途的文件分别存放在不同的目录中。目录操作也是 PHP 文件编程的内容之一。因此在介绍文件函数前，先从目录操作入手。

目录文件基本操作

4.1.1　目录操作

1. 创建目录

在 PHP 中，通过调用 mkdir() 函数可以创建一个目录，语法格式如下：

```
bool mkdir(string $dirname[,int $mode])
```

参数 $dirname 为创建目录的名称。参数 $mode 可选，为整型变量，表示创建模式。函数返回值为布尔型，如果成功则返回 TRUE，失败则返回 FALSE。

例如：

```
<?php
  $str="./php";
```

```
$dir=mkdir($str,0600);        //在当前目录下创建php目录
if($dir)
    echo "创建成功";
else
    echo "创建不成功";
?>
```

上述代码段中，0600 是一个八进制数，表示所有者具有可读写权限。该参数可以缺省，默认值为 0777，代表最大的访问权限。即所有者、所有者所在的组和其他所有人均具有读写和可执行的所有权限。

2. 打开目录

创建目录之后，可以使用 opendir() 函数打开目录，语法格式如下：

```
resource opendir(string $path[,resource $context])
```

其中，参数 $path 为要打开的目录路径。若打开成功，会返回目录句柄（资源类型），若该目录不存在或没有访问权限，则返回 FALSE。返回的目录句柄，可以在其他后续函数中使用。

如果参数 $path 不是一个合法的目录或者因为权限限制或文件系统错误而不能打开目录，opendir() 返回 FALSE 并产生一个 E_WARNING 级别的 PHP 错误信息。可以在 opendir() 前面加上 "@" 符号来抑制错误信息的输出。

3. 关闭目录

对于已打开的目录，使用后为了节省服务器资源，可以使用 closedir() 函数关闭该目录，语法格式如下：

```
void closedir(resource $dir_handle)
```

参数 $dir_handle 是一个有效的目录句柄，该目录句柄之前由 opendir() 打开。此函数是关闭指定的目录，无返回值。

例如：

```
<?php
  $str="./php";
  $handle = opendir($str);   //打开当前目录下的php目录
  if($handle)                //判断目录是否打开
    echo "打开目录成功!";
  else
    echo "打开目录失败!";
  closedir($handle);         //关闭目录句柄
?>
```

4. 获取和更改当前目录

在 PHP 中，通过以下两个函数可以获取或设置当前工作目录：

（1）通过调用 getcwd() 函数可以取得当前工作目录，语法格式如下：

```
string getcwd(void)
```

此函数取得当前工作目录，函数没有参数。如果成功则返回当前工作目录，失败返回 FALSE。

例如：

```
<?php
  echo getcwd();                          //输出当前工作目录
?>
```

（2）通过调用 chdir() 函数可以改变当前目录，语法格式如下：

```
bool chdir(string $directory)
```

其中，参数 $directory 指定新的当前目录。此函数将 PHP 的当前目录改为参数 $directory 指定的目录。如果成功则返回 TRUE，失败则返回 FALSE。

5. 读取目录

若要从一个目录中读取条目，可以通过调用 readdir() 函数来实现，语法格式如下：

```
string readdir(resource $dir_handle)
```

其中，参数 $dir_handle 为一个有效的目录句柄，该目录句柄之前由 opendir() 打开。该函数在每次调用时会返回目录中的子目录或文件。文件名按照在文件系统中的排列顺序返回，若调用失败返回 FALSE。

通常结合 while 循环，实现目录内容的读取。

例如：

```
<?php
$dir="./images";
if($dh=opendir($dir)){                    //打开当前目录下的 images 目录
  while(($file = readdir($dh))!==false){  //读取 images 目录中的内容
    echo "filename:".$file."<br>";
  }
closedir($dh);
}
?>
```

要获取一个目录中包含的文件和目录，除了通过 readdir() 函数遍历该目录外，还有另一种方法，即通过 scandir() 函数列出指定路径中的文件和目录。scandir() 函数的语法格式如下：

```
array scandir(string $directory [,int $sorting_order [,resource
$context]])
```

其中，参数 $directory 指定要被浏览的目录；$sorting_order 指定排序方式，默认的排序顺序按字母升序排列，若将该参数设置为 1，则排序顺序按字母降序排列。

若调用成功则函数返回一个数组，该数组包含有 $directory 中的文件和目录；若失败则返回 FALSE。若 $directory 不是一个目录，则返回布尔值 FALSE 并生成一条 E_WARNING 级的错误。

6. 删除目录

若要在 PHP 代码中删除指定的目录，可以通过调用 rmdir() 函数来实现，语法格式如下：

```
bool rmdir(string $dimame)
```

此函数删除参数 $dimame 所指定的目录。该目录必须是空的，而且要有相应的权限。如成功则返回 TRUE，失败则返回 FALSE。

例如：

```php
<?php
  $dir="./php";
  if(file_exists($dir))          // 判断目录或文件是否存在
    if(is_dir($dir))             // 判断是否是目录
      if(rmdir($dir))            // 删除所指定的目录
         echo "目录删除成功";
?>
```

上述代码段中，php 是一个空目录，因此 rmdir() 函数的返回值为真，输出结果为"目录删除成功"。

4.1.2 文件的打开与关闭

1. 打开文件

PHP 中没有文件创建函数，创建和打开文件都用 fopen() 函数，语法格式如下：

```
resource fopen(string $filename, string $mode[,bool $use_include_
path,resource $context]])
```

fopen() 函数的作用是打开文件或 URL。

（1）参数 $filename 为打开或创建并打开的文件名，如果 $filename 是"scheme://..."的格式，则被当成一个 URL，PHP 将搜索协议处理器（也被称为封装协议）来处理此模式。例如，如果文件名是以"http://"开始的，则 fopen() 函数将建立一个到指定服务器的 HTTP 连接，并返回一个指向 HTTP 响应的指针；如果文件名是一个本地文件如"file.txt"，则将尝试在该文件上打开一个流，返回一个句柄；如果文件不存在或没有访问权限，则函数返回 FALSE。

注意：在 Windows 平台上，访问本地文件时，需要转义文件路径中的每个反斜线，可以使用双反斜线（"\\"）或斜线（"/"）。

（2）参数 $mode 为访问文件的模式，具体模式见表 4-1。

表 4-1　文件模式

模式	描述
r	只读。在文件的开头开始
r+	读 / 写。在文件的开头开始
w	只写。打开并清空文件的内容；如果文件不存在，则创建新文件
w+	读 / 写。打开并清空文件的内容；如果文件不存在，则创建新文件
a	追加。打开并向文件末尾进行写操作，如果文件不存在，则创建新文件
a+	读 / 追加。通过向文件末尾写内容，来保持文件内容
x	只写。创建新文件。如果文件已存在，则返回 FALSE 和一个错误
x+	读 / 写。创建新文件。如果文件已存在，则返回 FALSE 和一个错误

注意：如果 fopen() 函数无法打开指定文件，则返回 0 (FALSE)。

（3）如果需要在 include_path（在 PHP 配置文件中）选项设置的路径中查找文件，可以把参数 $use_include_path 设置为 1 或 TRUE，默认为 FALSE。

（4）$context 参数为可选项，是一个资源变量。只在文件被远程打开时才能使用。

例如：

```php
<?php
$file=fopen("welcome.txt","r") or exit("Unable to open file!");
?>
```

2. 关闭文件

对于已经打开的文件，在完成所需要的操作之后，应该使用 fclose() 函数将其关闭。语法格式如下：

```
bool fclose(resource $handle)
```

参数 $handle 是通过 fopen() 成功打开文件指针（该文件指针必须是有效的）。此函数将 $handle 指向的文件关闭。如果关闭文件成功则返回 TRUE，失败则返回 FALSE。

例如：

```php
<?php
```

```php
$file=fopen("welcome.txt","r") or exit("Unable to open file!");
fclose($file);
?>
```

4.1.3　文件的写入

打开文件后，可以把数据写入该文件。根据打开文件的方式不同，写入数据分为覆盖模式和追加模式。无论选择何种方式，都可以通过 fwrite() 函数向文件写入数据（可安全用于二进制文件）。语法格式如下：

```
int fwrite(resource $handle,string $str[,int $length])
```

此函数将字符串 $str 的内容写入文件指针 $handle 处。如果指定了 $length 参数，则当写入 $length 个字节或者写完字符串 $str 以后，写入就会停止。fwrite() 函数返回写入的字节数，若出现错误，则返回 FALSE。

例如：

```php
<?php
  $file=fopen("welcome.txt","w") or exit("Unable to open file!");
  echo fwrite($file,"This is an example of file writing.");
  fclose($file);
?>
```

上述代码段，执行后会向文件名为 welcome.txt 的文件中添加字符串"This is an example of file writing."，并返回写入的字节数 35 个。此时如果打开 welcome.txt 文件，会看到新添加的内容"This is an example of file writing."。

注意：如果以写入方式"w"打开文件，则写入的新数据将覆盖旧数据；如果不想覆盖之前的数据而将新数据添加到文件末尾，则可以使用追加模式"a"来打开文件。

把字符串写入文件，经常也会用到 file_put_contents() 函数，它等价于依次调用 fopen()、fwrite() 以及 fclose()，是使用非常方便的一个函数。语法格式如下：

```
int file_put_contents(string $filename,mixed $data [,int $flags
[,resource $context ]] )
```

参数 $filename 为文件名，若文件名不存在，该函数会创建一个新的文件。参数 $data 是可选项，规定要写入文件的数据，可以是字符串、数组或数据流。参数 $flags 是可选项，规定如何打开 / 写入文件。函数执行成功，将返回写入文件中的字符数；失败则返回错误。

例如：

```php
<?php
echo file_put_contents("welcome.txt","Hello World!");
?>
```

4.1.4 文件的读取

文件的读取

在 PHP 中提供了多个从文件中读取内容的标准函数，可以根据它们的功能特性在程序中选择哪个函数使用。这些函数功能及其描述见表 4-2。

表 4-2　文件的读取函数

函数	描述
fread()	读取指定长度数据
readfile()	读取并输出文件内容到输出缓冲区
fpassthru()	输出文件指针处所有剩余内容
file()	将整个文件读入一个数组
file_get_contents()	将整个文件读入一个字符串
fgets()	从打开的文件中读取一行内容
fgetc()	从打开的文件中读取单个字符

1. 读取指定长度数据

fread() 函数用来在打开的文件中读取指定长度的字符串。也可以用于二进制文件，在区分二进制文件和文本文件的系统上（如 Windows）打开文件时，fopen() 函数的 $mode 参数要加上"b"。语法格式如下：

```
string fread(int $handle,int $length)
```

该函数从文件指针 $handle 处读取最多 $length 个字节。在读取完 $length 个字节数，或到文件结尾标志（EOF）时，返回读取的字符串，并停止读取操作；如果读取失败则返回 FALSE。

例如：

```php
<?php
$file=fopen("welcome.txt","r") or die("文件打开失败");
$contents = fread($file, 100);      //从文件中读取100个字节
fclose($file);                       //关闭文件资源
echo $contents;                      //将从文件中读取的内容输出
?>
```

上述代码，是基于前一个写入文件的例子，从文件指针 $file 处读取 100 个字节，读取后将内容赋给 $contents 字符串变量，并输出，输出结果为"This is an example of file writing."。

2. 读取整个文件

在 PHP 中可以使用以下四个函数来读取整个文件，其中前两个函数还兼有输出文件内容的功能，第三个函数将文件内容读入一个数组，第四个函数将文件内容读入一个字符串。

（1）readfile() 函数。读取并输出文件内容到输出缓冲区，语法格式如下：

```
int readfile(string $filename[,bool $use_include_path[,resource
$context]])
```

readfile() 函数首先打开参数 $filename 指定的文件，然后读取该文件并写入到缓冲区，接着关闭该文件并返回从文件中读入的字节数。如果出错返回 FALSE。这里参数 $context 与前面介绍的功能相同，是一个资源变量，只在文件被远程打开时才能使用。

例如：

```
<?php
readfile("welcome.txt");                //将结果输出浏览器
?>
```

（2）fpassthru() 函数。输出文件指针处所有的剩余内容，语法格式如下：

```
int fpassthru(resource $handle)
```

其中，参数 $handle 是一个有效的文件指针，必须指向一个由 fopen() 函数成功打开的文件。此函数将给定的文件指针 $handle 从当前的位置读取到 EOF 并将结果写到输出缓冲区，返回值为从文件中读取并传递到输出的字符个数，如果发生错误，则返回 FALSE。

例如：

```
<?php
$file=fopen("welcome.txt","r") or die("文件打开失败");
fpassthru($file);
fclose($file);
?>
```

（3）file() 函数。将整个文件读入一个数组，语法格式如下：

```
array file(string $filename[,int $use_include_path[,resource
$context]])
```

此函数不需要使用 fopen() 函数打开文件。参数 $filename 指定的文件作为一个数组返回。数组中的每个元素都是文件中相应的一行，包括换行符在内。如果失败，则返回 FALSE。如果也想在 include_path 中查找文件，则应将可选参数 $use_include_path 设置为 1。参数 $context 与前面介绍功能相同，这里不再赘述。

例如：

```
<?php
print_r(file("welcome.txt"));          //将数组内容输出
?>
```

（4）file_get_contents() 函数。将整个文件读入一个字符串，语法格式如下：

```
string file_get_contents(string $filename [,bool $use_include_
path [,resource $context [,int $offset[,int $maxlen]]]])
```

file_get_contents() 函数是将文件 $filename 内容读入一个字符串的首选方法，它将在参数 $offset 所指定的位置开始读取长度为 $maxlen 的内容，同样它不需要使用fopen() 函数打开文件。如果失败，则返回 FALSE。如果也想在 include_path 中查找文件，则应将可选参数 $use_include_path 设置为 1。参数 $context 与前面介绍功能相同，这里不再赘述。

例如：

```
<?php
echo file_get_contents("welcome.txt");  //读取文本文件中的内容并输出
?>
```

（5）fgets() 函数。从打开的文件中读取一行内容，语法格式如下：

```
string fgets(int $handle[,int $length])
```

$handle 参数是一个有效的文件指针，并且必须指向一个 fopen() 函数打开的文件。如果提供了第二个可选参数 $length，该函数返回 $length-1 个字节的字符串。或者返回遇到换行或 EOF 之前读取的所有内容。如果忽略可选的 length 参数，默认为1 024 个字符。在大多数情况下，这意味着 fgets() 函数将读取到 1 024 个字符前遇到换行符号，因此每次成功调用都会返回下一行。如果读取失败则返回 FALSE。

例如：

```
<?php
$file=fopen("welcome.txt","r") or die("文件打开失败");
while(!feof($file)){
  $str = fgets($file,4096);            //一次读取一行内容
  echo $str."<br>";                    //输出
}
fclose($file);
?>
```

（6）fgetc() 函数。从打开的文件中读取单个字符，语法格式如下：

```
string fgetc(int $handle)
```

$handle 参数是一个有效的文件指针，并且必须指向一个 fopen() 函数打开的文件。函数 fgetc() 在打开的文件中只读取当前指针位置处的一个字符。如果遇到文件结束标志 EOF，则返回 FALSE 值。

例如：

```php
<?php
$file=fopen("welcome.txt","r") or die(" 文件打开失败 ");
while(false!==($char=fgetc($file))){
  echo $char."<br>";                    //一次读取一个字符
}
fclose($file);
?>
```

◉ **任务实现**

统计网站访问人数

【任务内容】

利用文件读写函数实现网站访问人数的统计。

【学习目标】

结合实例，掌握文件相关函数的应用，包括文件打开、读取、关闭等。

【知识要点】

（1）函数定义和使用。

（2）文件打开、读取、关闭等函数应用。

【操作步骤】

（1）在文件面板的本地站点下新建一个空白网页文档，默认的文件名是 untitled.php，修改网页文件名为 ex4_1.php。

（2）双击网页 ex4_1.php，进入网页的编辑状态。在代码视图下，输入以下 PHP 代码：

```php
<?php
function countnum($file="count.dat"){ //定义一个函数
   if(file_exists($file)){
      $fp=fopen($file,"r");           //以只读方式打开文件
      $num=fgets($fp,10);             //从文件中读取内容送给变量 $num
      fclose($fp);                    //关闭文件
      $num++;                         //统计访问人数
   }
   else{
    $num=1;
```

```
}
file_put_contents($file,$num);      //当文件不存在时，自动创建文件，并
                                       把参数转成字符串写入

echo "您是第 ".$num." 个访问者";
}
countnum();                         //函数调用
?>
```

【预览效果】

预览效果如图 4-1 所示。

图 4-1　计数器运行效果

任务 4.2　实现头像上传和文件下载

◎ 任务描述

在动态网站应用中，文件上传和下载已经成为一个常用功能，例如，QQ 头像、用户注册时的信息上传等。本任务将结合具体案例学习文件上传和下载的方法。

◎ 知识准备

许多网站都提供了文件上传和下载功能，允许用户把自己的文件从客户端上传到网站服务器，或者从网站服务器下载自己所需的文件到本地计算机。在 PHP 中，可以利用文件系统函数轻松实现文件的上传和下载功能。

文件的上传与下载

4.2.1　文件的上传

使用 PHP 的文件上传功能可以让用户上传文本文件和二进制文件，通过 PHP 文

件操作函数还可以对上传的文件进行处理。

处理文件上传的函数是 move_uploaded_file()，语法格式如下：

```
bool move_uploaded_file(string $filename,string $destination)
```

参数 $filename 是上传的文件名，如果 $filename 指定的是合法的文件（通过 PHP 的 HTTP POST 上传机制所上传的），则函数会将该文件移动至由 $destination 参数指定的目标文件。如果目标文件已经存在，则会被新文件覆盖。如果上传文件不合法或某些原因文件无法移动，函数则不会进行任何操作并返回 FALSE。

另外，将文件移动之前需要检查文件是否是通过 HTTP POST 上传的，以确保恶意的用户无法欺骗脚本去访问原本不能访问的文件，这时需要使用 is_uploaded_file() 函数，语法格式如下：

```
bool is_uploaded_file(string $filename)
```

参数 $filename 是上传的文件名，若文件是通过 HTTP POST 上传机制上传的，则函数返回 TRUE。

例如：

```
<!doctype html>
<head>
<meta charset="utf-8">
<title>文件上传</title>
</head>
<body>
<form name="form1" enctype="multipart/form-data" method="post"
action="">
  <input type="hidden" name="max_file_size" value="100000">
  <input name="fileField" type="file" size="20" maxlength="20">
  <input type="submit" name="bt1" id="bt1" value="文件上传">
</form>
</body>
</html>
<?php
 if(isset($_POST['bt1']))
 { $file1=$_FILES['fileField']['tmp_name'];          //临时文件名
   $file2=$_FILES['fileField']['name'];              //上传的文件名
   $uploaddir="../test/";                            //上传后的路径
   if(is_uploaded_file($file1)){
   if(move_uploaded_file($file1, $uploaddir.$file2)){ //上传并移动文件
       echo "文件上传成功!";
       echo "文件大小为:".($_FILES['fileField']['size']/1024)."KB";
```

```
// 获得文件大小信息
    }
    else
        echo " 文件上传失败 ";
    }
  }
?>
```

运行效果如图 4-2 所示。

上述代码段，可以看出实现文件上传仅采用 is_uploaded_file () 和 move_uploaded_file() 函数是不够的，还需要修改配置文件 php.ini、使用表单中的文件域、预定义变量 $_FILES 等。下面，将详细介绍实现文件上传前的相关工作。

图 4-2   文件上传

1. 修改配置文件

在单元 1 中，php.ini 文件的参数设置中，已经详细介绍了文件上传的相关设置，这里将重点配置的内容再介绍如下：

（1）是否允许通过 HTTP 上传文件的开关，默认为 On。

```
file_uploads = On
```

（2）文件上传至服务器上存储临时文件的地方，如果没指定就会用系统默认的临时文件夹。

```
upload_tmp_dir= "C:\Windows\Temp"
```

（3）允许上传文件大小的最大值，默认为 2 M。

```
upload_max_filesize = 8M
```

2. 创建文件域

上传文件通常是采用提交 HTML 表单的方式。要在 HTML 表单中添加一个创建文件域，使用户可以选择其计算机上的文件，以便把文件上传到服务器。

在 HTML 语言中，可以使用 input 标记创建一个文件域，语法格式如下：

```
<input type="file" name="string" size="int" maxlength="int">
```

其中，type 属性当前表单控件为文件域类型，name 属性指定文件域的名称；size 属性指定文件名输入框最多可显示的字符宽度；maxlength 属性指文件域最多可容纳的字符数。

例如：

```
<form name="form1" enctype="multipart/form-data" method="post"
action="">
<input type="hidden" name="max_file_size" value="100000">
  <input name="fileField" type="file" size="20" maxlength="20">
</form>
```

上述代码段中，<form enctype="multipart/form-data"···> 是一个标签，要实现文件的上传，必须指定为 multipart/form-data，否则服务器将不知道要干什么。

注意：建议在文件域前，插入一个隐藏域，选项 MAX_FILE_SIZE 的隐藏值域，通过设置其 Value（值）可以限制上载文件的大小。MAX_FILE_SIZE 的值只是对浏览器的一个建议，实际上它可以被简单地绕过。因此不要把对浏览器的限制寄希望于该值。实际上，PHP 设置中的上传文件最大值，是不会失效的。但是最好还是在表单中加上 MAX_FILE_SIZE，因为它可以避免用户在花时间等待上传大文件之后，才发现该文件太大了的麻烦。

3. 预定义变量 $_FILES

$_FILES 是一个二维数组，该数组中包含所有上传的文件信息。假设表单的文件域名称为 userfile（名称可随意命名），上传文件后，文件的信息可以使用以下形式获取：

（1）$_FILES['userfile']['name'] 客户端上传的原文件名。

（2）$_FILES['userfile']['type'] 文件的 MIME 类型，需要浏览器提供该信息的支持，例如 "image/gif"。

（3）$_FILES['userfile']['size'] 已上传文件的大小，单位为字节。

（4）$_FILES['userfile']['tmp_name'] 文件被上传后在服务端储存的临时文件名。

（5）$_FILES['userfile']['error'] 和该文件上传相关的错误代码。

值 0：没有错误发生，文件上传成功。

值 1：上传的文件超过了 php.ini 中 upload_max_filesize 选项限制的值。

值 2：上传文件的大小超过了 HTML 表单中 MAX_FILE_SIZE 选项指定的值。

值 3：文件只有部分被上传。

值 4：没有文件被上传。

当文件上传后，在默认情况下会被存储到服务器的默认临时目录中，这时必须将其从临时目录中删除或移动到其他位置。不管是否上传成功，脚本执行完后，临时目录里的文件肯定会被删除。所以在删除之前，要使用 move_uploaded_file() 函数将文件移动到其他位置，这样，才算完成文件的上传过程。

4.2.2 文件的下载

PHP 中没有专属的文件下载函数，是通过超链接或函数间配合，实现文件下载的。通常普通文件下载，可以建立一个超链接，并将 href 属性的值指定为要下载的文件路径即可。

例如：

```
<a href="http://wx.php123.net/test/example.zip">下载文件<a>
```

上述方法实现文件下载，只能处理一些浏览器不能识别的类型文件，例如上面示例中用到的 zip 压缩文件，浏览器不能直接打开，所以会弹出一个下载提示。另外，这种方式会暴露文件所在路径，可能会有安全隐患。要实现安全下载，可以通过 header() 和 readfile() 函数来完成。

header() 函数向浏览器发送一个头信息，用来通知浏览器进行下载文件的处理。在 PHP 中可以使用 header() 函数发送网页的头部信息给浏览器，该函数接收一个头信息的字符串作为参数，其语法格式如下：

```
header(string $string[,bool $replace=true[,int $http_response_
code]])
```

其中，$string 就是头信息的字符串；$replace 为可选参数，用来设置是否使用后面的头信息替换前面相同类型的头信息，默认为 true；$http_response_code 为可选参数，用来强制指定 HTTP 响应的值。

要实现文件下载需要调用三次 header() 函数，下面是以下载图片 pic.jpg 为例。

例如：

```
<?php
$file="pic.jpg";
header("Content-type:image/jpg");  //发送指定文件 MIME 类型的头信息
header("Content-Disposition:attachment;filename=$file");
                                  //发送描述文件的头信息，附件和文件名
header("Content-Length:".filesize($file));  //发送文件大小的信息，单位是字节
readfile($file);
?>
```

在使用了 header() 函数设置完头部信息以后，需要将文件的内容输出到浏览器，以便进行下载。可以使用 PHP 中的文件系统函数将文件内容读取出来后，直接输出给浏览器。最方便的是使用 readfile() 函数，将文件内容读取出来并直接输出。

4.2.3 其他常用的文件处理函数

在 PHP 中处理文件时经常用到一些基本操作，例如检查文件是否存在、文件复制、删除等。

常用文件处理函数

1. 检查文件是否存在

在对某个文件进行操作之前，首先应该检查一下该文件是否存在。在 PHP 中，可

以通过调用函数 file_exists() 来检查一个文件或目录是否存在，语法格式如下：

```
bool file_exists(string $filename)
```

参数 $filename 表示要检查的文件或目录的路径。如果由 $filename 指定的文件或目录存在，则返回 TRUE，否则返回 FALSE。

2. 检测文件末尾

在读取文件时，不仅要注意行结束符号"\n"，程序也需要一种标准的方式来识别何时到达文件的末尾，这个标准通常称为 EOF（End Of File）字符。EOF 是非常重要的概念，绝大多数主流的编程语言中提供了相应的内置函数，来分析是否到达文件 EOF。在 PHP 中，使用 feof() 函数。语法格式如下：

```
bool feof(string $resource)
```

该函数接收一个打开的文件资源，判断一个文件指针是否位于文件的结束处，如果已到达文件末尾或发生错误，则返回 TRUE。否则返回 FALSE。

例如：

```php
<?php
$myfile = fopen("welcome.txt", "r") or die("unable to open file!");
while(!feof($myfile)){
  echo fgets($myfile) . "<br>";
}
fclose($myfile);
?>
```

3. 复制文件

在文件操作中经常会遇到要复制一个文件或目录到某个文件夹的情况，在 PHP 中使用 copy() 函数来完成此操作，语法格式如下：

```
bool copy(string $source,string $dest)
```

参数 $source 为需要复制的源文件，参数 $dest 为目标文件，复制后的新文件内容与源文件完全相同，并且在复制文件的同时，也可以为新文件重新命名。如果复制成功则返回 TRUE，否则返回 FALSE。如果目标文件已经存在则被覆盖。

4. 删除文件

使用 unlink() 函数可以删除不需要的文件，语法格式如下：

```
bool unlink(string $filename)
```

如果成功则返回 TRUE，否则返回 FALSE。
例如：

```php
<?php
$filename="../test/li1.txt"; //删除磁盘根目录 test 目录中的 li1.txt 文件
unlink($filename);
?>
```

5. 重命名文件

通过调用 rename() 函数可以对文件进行重命名，语法格式如下：

```
bool rename(string $oldname,string $newname [,resource $context])
```

其中参数 $oldname 为文件原名，$newname 是文件的新名。此函数是把 $oldname 重命名为 $newname。如果成功则返回 TRUE，失败则返回 FALSE。

rename() 函数不仅可以用来对文件进行重命名，也可以对目录进行重命名，同时，也具有移动文件和目录的功能。

6. 文件定位

在读取或写入文件时，经常要设置或检测文件指针的位置。在 PHP 中，可以使用以下三个函数来移动文件指针的位置。

（1）fseek() 函数。在文件中定位文件指针，语法格式如下：

```
int fseek(resource $handle,int $offset[,int $whence])
```

此函数在与 $handle 关联的文件中设定文件指针位置。新位置从文件头开始以字节数度量，是以 $whence 指定的位置加上 $offset。参数 $whence 有以下的取值。

SEEK_SET：设定位置等于 $offset 字节。

SEEK_CUR：设定位置为当前位置加上 $offset。如果没有指定参数 $whence，则默认为 SEEK_SET。

SEEK_END：设定位置为文件尾加上 $offset。要移动到文件尾之前的位置，需要给 $offset 传递一个负值。

若定位文件指针成功，则返回 0，否则返回 –1。移动到 EOF 之后的位置不算错误。

（2）rewind() 函数。将文件指针移动到文件开头，语法格式如下：

```
bool rewind(resource $handle)
```

此函数将文件指针移动到 $handle 关联的文件开头。如果成功则返回 TRUE，失败则返回 FALASE。文件指针必须合法，并且指向由 fopen() 成功打开的文件。如果以附加（" a "或者" a ＋ "）模式打开文件，则写入文件的任何数据总会被附加在后面，而不是文件指针的位置。

（3）ftell() 函数。返回文件指针读 / 写的位置，语法格式如下：

```
int ftell(resource handle)
```

此函数返回由参数 $handle 关联的文件中指针的位置，也就是文件流中的偏移量（文件指针的当前位置）。如果出错，则返回 FALSE。

◎ 任务实现

头像上传

【任务内容】

完成头像上传功能，并采集文件相关信息。

【学习目标】

结合实例，掌握文件函数的相关操作。

【知识要点】

（1）目录的相关操作。

（2）上传文件的应用。

（3）其他常用的文件处理函数。

【操作步骤】

（1）在文件面板的本地站点下新建一个空白网页文档，默认的文件名是 untitled.php，修改网页文件名为 ex4_2.php。

（2）双击网页 ex4_2.php，进入网页的编辑状态。在代码视图下，输入以下 PHP 代码：

```html
<!doctype html>
<head>
<meta charset="utf-8">
<title> 上传头像 </title>
</head>
<body>
<form action="" method="post" enctype="multipart/form-data"
name="form1">
<table height="133" >
  <tr>
    <td height="39" align="center" bgcolor="#00CCFF"> 头像上传 </td>
  </tr>
  <tr>
    <td height="40" bgcolor="#93EAFF"> 选择图片：
      <input type="file" name="picture" id="fileField"></td>
  </tr>
  <tr>
    <td height="44" align="center" bgcolor="#93EAFF"><input type=
"submit" name="up" id="button" value=" 上传头像 ">   
```

```
        <input type="reset" name="cz"  value=" 重置 "></td>
   </tr>
</table>
<p> </p>
</form>
</body>
</html>
<?php
 if(isset($_POST["up"]))
 { $tmpfile=$_FILES['picture']['tmp_name'];      //临时文件名
   $oldfile=$_FILES['picture']['name'];          //上传的文件名
   $uploaddir="../test/images/";                 //上传后的路径
   $newfile=$uploaddir.$oldfile;
    $filetype=substr($oldfile,strrpos($oldfile,"."),strlen($oldfile)
-strrpos($oldfile,"."));
   if(($filetype!=".gif")&&($filetype!=".png")&&($filetype!=".jpg")
&&($filetype!=".jpeg")){
     echo "<script>alert(' 文件类型或地址错误 ');</script>";
     echo "<script>location.href='ex4_2.php';</script>"; exit;
    }
   if($_FILES['picture']['size']>1000000){
    echo "<script>alert(' 文件太大 , 不能上传 ');</script>";
    echo "<script>location.href='ex4_2.php';</script>"; exit;
   }
   if(is_uploaded_file($tmpfile)){
   if(move_uploaded_file($tmpfile, $newfile)){   //上传并移动文件
      echo " 文件上传的信息为 : "."<br/>";
      echo " 文件名为 : ".$_FILES['picture']['name']."<br/>";
      echo " 文件类型为 : ".$_FILES['picture']['type']."<br/>";
      echo " 文件大小为 : ".($_FILES['picture']['size']/1024)."KB".
"<br/>";                                          //获得文件大小信息
      echo " 您上传头像 : <img src="."$newfile"."."<br/>";
   }
   else
     echo " 文件上传失败 ";
  }
 }
?>
```

【预览效果】

预览效果如图 4-3 所示。

图 4-3　头像上传效果

单元实训

在线投票程序

【实训内容】

制作一个在线投票程序，以未来希望就职的岗位为题，发起五个 IT 行业热门的岗位投票。要求用文件存储各选项投票数量。

【实训目标】

（1）能够使用文件实现数据的永久存储。

（2）提升岗位认知、增强职业认同感。

【知识要点】

（1）文件打开、关闭、写入和读取。

（2）文件的上传。

（3）常用的文件处理函数。

【实训案例代码】

新建网页并命名为 vote.php，进入网页的编辑状态。在代码视图下，输入以下 PHP 代码（vote.php 文件）：

```
<!DOCTYPE html>
<html>
<head>
```

```
<meta charset="utf-8">
<title> 岗位投票 </title>
<style type="text/css">
div{
    font-size:18px;
    color:#FFFF00;
}
</style>
</head>
<body>
<form enctype="multipart/form-data" action="" method="post">
    <table border="0">
        <tr>
            <td align="center" bgcolor="#0099FF">
                <div> 未来您希望就职的岗位：</div>
            </td>
        </tr>
        <tr>
            <td bgcolor="#C2FCFC">
                <input type="radio" name="vote" value=" 前
端开发 "> 前端开发
            </td>
        </tr>
        <tr>
            <td bgcolor="#C2FCFC">
                <input type="radio" name="vote" value=" 后
端开发 "> 后端开发
            </td>
        </tr>
        <tr>
            <td bgcolor="#C2FCFC">
                <input type="radio" name="vote" value=" 测
试工程师 "> 测试工程师
            </td>
        </tr>
        <tr>
            <td bgcolor="#C2FCFC">
                <input type="radio" name="vote" value=" 运维工
程师 "> 运维工程师
```

```
                    </td>
        </tr>
         <tr>
                <td bgcolor="#C2FCFC">
                  <input type="radio" name="vote" value="网络工
程师">网络工程师
                </td>
        </tr>
            <tr>
                <td align="center">
                    <input type="submit" name="TP" value="请投票">
                </td>
            </tr>
        </table>
</form>
</body>
</html>
<?php
$votefile="vote.txt";                    //用于计数的文本文件 $votefile
if(!file_exists($votefile))              //判断文件是否存在
{
        $handle=fopen($votefile,"w+"); //以写的方式打开文件
        fwrite($handle,"0|0|0|0|0"); //将文件内容初始化
        fclose($handle);
}
if(isset($_POST['TP']))
{
        if(isset($_POST['vote']))        //判断用户是否投票
        {
            $vote=$_POST['vote'];   //接收投票值
            $handle=fopen($votefile,"r+");
            $content=fread($handle,filesize($votefile));
                                        //读取文件内容到字符串 $content
            fclose($handle);
            $votearray=explode("|", $content);
                                        //将 $content 根据 "|" 分隔
            echo "<h3>投票完毕!</h3>";
            if($vote=="前端开发")
                $votearray[0]++;            //统计前端开发岗位票数
```

```
        echo "目前前端开发岗位的票数为：<font size=4 color=red>"
.$votearray[0]."</font><br/>";
        if($vote==" 后端开发 ")
            $votearray[1]++;              //统计后端开发岗位票数
        echo "目前后端开发岗位的票数为：<font size=4 color=red>"
.$votearray[1]."</font><br/>";
        if($vote==" 测试工程师 ")
            $votearray[2]++;              //统计测试工程师岗位票数
        echo "目前测试工程师岗位的票数为：<font size=4 color=red>"
.$votearray[2]."</font><br/>";
        if($vote==" 运维工程师 ")
            $votearray[3]++;              //统计运维工程师岗位票数
        echo "目前运维工程师岗位的票数为：<font size=4 color=red>"
.$votearray[3]."</font><br/>";
        if($vote==" 网络工程师 ")
            $votearray[4]++;              //统计网络工程师岗位票数
        echo "目前运维工程师岗位的票数为：<font size=4 color=red>"
.$votearray[4]."</font><br/>";
        $total=$votearray[0]+$votearray[1]+$votearray[2]+$v
otearray[3]+$votearray[4];              //计算总票数
        echo "总票数为：<font size=5 color=red>".$total."</font>
<br/><br/>";
        echo "<font size=4 color=blue>今日的选择，就是您明日的目
标，希望今后能如愿走入心仪的岗位，加油！"."</font><br/>";
        $votestr=implode("|",$votearray); //将投票后的新数组用 "|" 连接
                                           成字符串 $votestr
        $handle=fopen($votefile,"w+");
        fwrite($handle,$votestr);       //将新字符串写入文件 $votefile
        fclose($handle);
    }
    else
    {
        echo "<script>alert(' 未选择投票选项！')</script>";
    }
}
?>
```

【预览效果】

运行 vote.php 文件，选择心仪的岗位后，单击"请投票"按钮，如图 4-4 所示。

图 4-4 投票运行效果

习题

填空题

1. _____模式是以只读方式打开文件，将文件指针指向文件头。

2. _____写入方式打开，将文件指针指向文件末尾。如果文件不存在则尝试创建。

3. 删除一个空目录，所使用的函数是_____。

4. 打开文件使用的函数是_____函数，关闭文件使用的函数是_____。

5. 将整个文件读取到一个数组，使用的函数是_____。

6. 用于输出一个文件的内容到浏览器，使用的函数是_____。

7. 读取文件指定长度的内容，使用的函数是_____。

8. 从文件中读出一行文本，使用的函数是_____。

9. 从文件指针处读取一个字符，使用的函数是_____。

10. 判断文件是否存在，使用的函数是_____。

11. 删除不需要的文件，使用的函数是_____。

12. 移动或重命名文件，使用的函数是_____。

13. 计算文件大小，使用的函数是_____。

14. 测试文件指针是否处于文件尾部的函数是_____。

15. 在文件中定位文件指针的函数是_____。

单元 5
PHP 页面交互

学习目标

【知识目标】

1. 熟练掌握表单数据提交与接收的方法。
2. 掌握页面跳转的三种方法。
3. 理解会话控制。
4. 掌握 Session 和 Cookie 的相关知识。
5. 掌握 PHP 中的图像函数的功能和使用。

【能力目标】

1. 能正确实现对表单数据的提交与接收。
2. 能按需要正确进行页面的跳转。
3. 能熟练应用 Session 和 Cookie 进行信息的保存与处理。
4. 能正确实现验证码的创建和检验。

【素养目标】

1. 通过研讨验证码的作用，加强网络安全认知，提升网络安全意识，树立正确的价值观。
2. 培养怀抱高远的志向，为了理想从实际出发，一步一步实现，不心浮气躁。

知识要点

1. 页面跳转技术：header() 函数、HTML 标记、客户端脚本。
2. 会话变量：Session。
3. Cookie 技术。
4. 图像函数的应用。

情景引入

学习到现在，小王已经能完成一个功能较完备的页面了，但又遇到了一个新问题。小王发现，许多网站都是由多个网页构成的，那如何从一个网页跳转至其他网页呢？如果需要将一个页面上输入的信息传递给其他页面，例如将输入的账号信息传递给下一页，又该如何实现呢？通过查阅资料，小王初步了解到，当用户访问 PHP 动态网页时，必然要涉及 PHP 与客户端进行交互的问题。为达到交互目的，通常采用获取表单变量、表单验证、获取 URL 参数、在不同页面之间跳转、会话管理以及 Cookie 应用等方式。小王希望能够掌握上述知识和技能，从而实现页面跳转及信息交互的功能。小王信心满满，决定深入学习。

任务 5.1　学习页面跳转技术

任务描述

在 Web 开发技术中，有很多页面跳转技术，接下来的学习，要完成学生信息表的数据验证提交。

知识准备

PHP 中常用的页面跳转方法有三种：使用 header() 函数、使用 HTML 固有标记和使用客户端脚本 JavaScript。

页面跳转

5.1.1　使用 header() 函数

header() 函数是将 HTTP 协议标头（header）输出到浏览器。标头里会包括字符集、时间、http 版本号、传输的文件类型等信息，只有这些信息相匹配了才能正常工作。在 PHP 中的 header() 函数就是用来设置响应标头的。header() 函数的功能很多，这里将介绍实现页面跳转（也叫重定向）的方法。

1. 立即跳转页面 header ('Location:url 页面地址 ');

例如：

```php
<?php
header("Location:http://www.baidu.com");
exit;                          //防止下方的代码执行，中断执行
```

```
?>
```

2. 定时跳转页面 header('Refresh:time,url=url 页面地址');

例如：

```
<?php
header("Refresh:2;url=https://www.baidu.com");    //等待 2 秒后跳转页面
exit;
?>
```

注意：在使用 header() 函数时，Location 和 ":" 号间不能有空格，否则不会跳转；在用 header 前不能有任何的输出；另外在每个重定向之后都必须加上 "exit"，避免发生错误后，继续执行。

5.1.2 使用 HTML 标记

1. 借助 Meta 标签实现页面跳转

Meta 标签是 HTML 中负责提供文档元信息的标签。若定义 http-equiv 为 refresh，则打开该页面时将根据 content 规定的值在一定时间内跳转到相应页面。

例如：

在 <head> 标签里执行代码，直接插入下面代码即可：

```
<head>
<meta http-equiv="refresh" content="3;url='index.php'" charset="utf-8">
<title> 页面跳转 </title>
</head>
```

若设置 content=" 秒数 ;url= 网址 "，则定义了经过多长时间后页面跳转到指定的网址。

2. 使用 <form> 标记中 action 属性设置页面跳转

表单提交的方式，是目前较为常用的页面跳转方法。将 <form> 标记中 action 属性设置为要跳转的页面，提交表单后就跳转到该页面。

例如：

```
<form method="post" action="index.php">
<input type="text" name="tx">
<input type="submit" name="bt" value=" 提交 ">
</form>
```

3. 通过 button 按钮的 onClick 事件实现页面跳转

button 按钮不能直接添加 herf 属性，可以通过 button 的 onClick 事件来实现页面的跳转。

例如：

```
<input type="button" name="bt" value=" 跳 转 " onClick="window.
location.href='http://www.baidu.com'" >
```

4. 使用 HTML 的超链接标记 <a> 实现页面跳转

在 html 页面中，<a> 标签常用于跳转链接和锚点，语法格式如下：

```
<a href=" 跳转目标连接 "  target=" 目标窗口的弹出方式 "> 文本或图像 </a>
```

例如：

```
<a href=http://www.baidu.com target="_self"> 百度 </a>    // 外部链接
<a href="index.php" target="_blank"> 首页 </a>             // 内部链接
```

在上述代码段中，外部链接的 href 属性要以 http:// 开头，网站内部页面之间的相互链接，直接链接内部页面名称即可。内部链接的 href 属性不需要以 http:// 开头。target 属性为打开窗口的方式，默认值是 _self 当前窗口打开页面，_blank 新建窗口打开页面。

5.1.3 使用客户端脚本

在 JavaScript 客户端脚本代码中，通过把 document 对象的 location 属性或 location 对象的 href 属性设置为要转到的目标页面的 URL，来实现页面间的跳转。

例如：

```
<?php
echo "<script language='javascript'  type='text/javascript'>";
echo "window.location.href='index.php'";
echo "</script>";
?>
```

在上述代码段中，echo "window.location.href='index.php'"; 也可替换为 echo "location.href='index.php'";，实现的效果是相同的。

◎ 任务实现

学生信息表的数据验证提交

【任务内容】

制作一个学生信息表单，包含学生学号、姓名、性别、出生日期、所学专业、备注、兴趣爱好等信息。要求学号必须为 6 位数字，出生日期必须符合日期格式，学号和姓名不允许为空，表单数据以 POST 方法提交到另一个页面，在另一个页面判断表单数据的正确性并输出。

【学习目标】

结合实例，掌握互动网页间的数据传递过程，包括表单设计、数据提交、有效性验证、数据输出等。

【知识要点】

（1）PHP 与表单的数据提交。

（2）常用表单数据的验证方法。

（3）页面跳转的方法。

【操作步骤】

（1）本任务的实施需要完成两个文件，即学生信息表 student.php 的表单制作和学生信息显示页面 result.php。因此，在下面的代码编写中分别创建两个文件并命名。

（2）双击网页 student.php，进入网页的编辑状态。在代码视图下，输入以下 PHP 代码。

student.php 代码：

```
<html>
<head>
    <title>学生个人信息</title>
    <style type="text/css">
    table{
        width:400px;
        margin:0 auto;
        background:#CCFFCC;
    }
    div{
        text-align:center;
    }
    </style>
</head>
<body>
<form method="post" action="result.php">
    <table border="0">
        <tr>
            <td colspan="2"><div>学生个人信息</div></td>
        </tr>
        <tr>
            <td width="120">学号:</td>
            <td><input name="XH" type="text" value=""></td>
        </tr>
        <tr>
```

```
        <td> 姓名：</td>
        <td><input name="XM" type="text" value=""></td>
    </tr>
    <tr>
        <td> 性别：</td>
        <td>
            <input name="SEX" type="radio" value=" 男 "
checked="checked"> 男
            <input name="SEX" type="radio" value=" 女 ">女
        </td>
    </tr>
    <tr>
        <td> 出生日期：</td>
        <td><input name="Birthday" type="text" value=""></td>
    </tr>
    <tr>
        <td> 所学专业：</td>
        <td>
            <select name="ZY">
                <option> 计算机 </option>
                <option> 信息网络 </option>
                <option> 软件工程 </option>
            </select>
        </td>
    </tr>
    <tr>
        <td> 备注：</td>
        <td><textarea name="BZ"></textarea></td>
    </tr>
    <tr>
        <td> 兴趣：</td>
        <td>
            <input name="XQ[]" type="checkbox" value=
" 游泳 "> 游泳
            <input name="XQ[]" type="checkbox" value=
" 看电视 "> 看电视
            <input name="XQ[]" type="checkbox" value=
" 上网 "> 上网
        </td>
```

```
            </tr>
            <tr>
                <td colspan="2" align="center">
                    <input type="submit" name="BUTTON1" value=
"提交">
                    <input type="reset" name="BUTTON2" value=
"重置">
                </td>
            </tr>
        </table>
    </form>
    </body>
    </html>
```

（3）双击网页 result.php，进入网页的编辑状态。在代码视图下，输入以下 PHP 代码。

result.php 代码：

```php
<?php
    $XH=$_POST['XH'];
    $XM=$_POST['XM'];
    $XB=$_POST['SEX'];
    $CSSJ=$_POST['Birthday'];
    $ZY=$_POST['ZY'];
    $BZ=$_POST['BZ'];
    $XQ=$_POST['XQ'];
    $checkbirthday=preg_match('/^\d{4}-(0?\d|1?[012])-(0?\d|
[12]\d|3[01])$/',$CSSJ);
$checkxh=preg_match('/\d{6}/',$XH);
    if($XH==NULL)
    {
        echo "学号不能为空！";
    }
    elseif($checkxh==0)
    {
        echo "学号格式错误！";
    }
    elseif($XM==NULL)
    {
        echo "姓名不能为空！";
```

```
    }
    elseif($CSSJ&&$checkbirthday==0)
    {
        echo "日期格式错误!";
    }
    else
    {
        echo "学号:".$XH."<br/>";
        echo "姓名:".$XM."<br/>";
        echo "性别:".$XB."<br/>";
        echo "出生日期:".$CSSJ."<br/>";
        echo "专业:".$ZY."<br/>";
        echo "备注:".$BZ."<br/>";
        if($XQ)
        {
            echo "兴趣爱好:";
            foreach($XQ as $value)
            {
                echo $value." ";
            }
            echo "<br/>";
        }
    }
?>
```

【预览效果】

预览效果如图 5-1、图 5-2 所示。

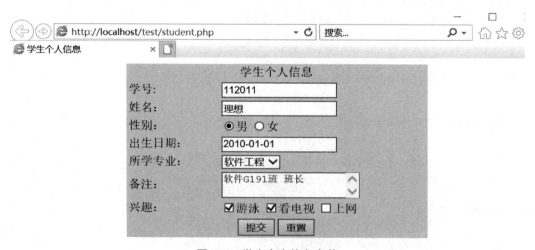

图 5-1 学生个人信息表单

学号：112011
姓名：理想
性别：男
出生日期：2010-01-01
专业：软件工程
备注：软件G191班 班长
兴趣爱好：游泳 看电视

图 5-2　个人信息显示效果

任务 5.2　从用户登录信息的传递中学习 Session 技术

任务描述

当一个用户在请求一个页面后，再次请求这个页面，网站无法知道这个用户刚才是否曾经来访问过。然而，我们会发现，平时在电商网站购物时，只要我们在这个站点内，无论怎么跳转页面，网站总会记得我是谁，这是怎么做到的呢？这就是运用了HTTP 会话控制。在网站中跟踪一个变量，通过对变量的跟踪，使多个请求事物之间建立联系，根据授权和用户身份显示不同的内容、不同的页面。

知识准备

前面已经介绍了实现页面交互的方法。但在交互中，经常会出现通过 HTTP 协议传输时，客户端每次与服务器的对话都被当成一个单独的过程，当用户访问其他网页时，第一个网页上信息将不被保存。就相当于用户请求过一个页面后再去请求另一个页面，该用户请求将不会被 HTTP 所接受。

这样的问题，势必会对需要权限设置的安全页面的编写造成很大的麻烦。解决这个问题，就可以通过会话管理来实现。

会话管理

5.2.1　Session 概述

会话控制是一种跟踪用户的通信方式，PHP 的会话也称为 Session。用户使用网站的服务，需要使用浏览器与 Web 服务器进行多次交互。HTTP 协议本身是无状态的，需要基于 HTTP 协议支持会话状态（Session State）的机制。

在会话开始时，用户登录或访问一些初始页面，服务器会为客户端分配一个唯一的会话标识（SessionID），它是一个加密的随机数字，并通过 Cookie 将这个标识响应给客户端浏览器，在 session 的生命周期中保存在客户端。以后每次请求的时候，客户端都会带上这个会话标识 SessionID，来告诉 Web 服务器这个请求是属于哪个会话的。在 Web 服务器上，各个会话都有独立的存储，并以会话变量的形式保存不同的会话信息。在一次网站访问中，如果客户端可以通过 Cookie 或 URL 找到 SessionID，那么服务器就可以根据客户端传来的 SessionID 访问会话保存在服务器端的会话变量。在一个会话内，打开同一网站的其他页面时，在 HTTP 协议请求头中携带 SessionID 的 Cookie 信息，服务器根据携带回的 SessionID，来区分不同的用户，从而读取相应的信息并进行响应。Session 的生命周期只在一次特定的网站连接中有效，当关闭浏览器后，Session 会自动失效，之前注册的会话变量也不能再使用，如图 5-3 所示。

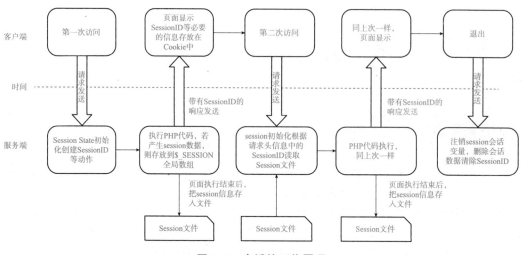

图 5-3　会话的工作原理

5.2.2　Session 的创建和使用

使用会话变量存储信息时，首先要启动一个会话，然后将各种信息存储在会话变量中，这些信息可在随后的多次请求中使用。会话变量使用完后，删除已经注册的会话变量以减少对服务器资源的占用，最后销毁会话。

1. 启动会话

在 PHP 中，实现会话功能之前必须启动会话，语法格式如下：

```
bool session_start(void); //创建 session,开启一个会话,进行 session
                          初始化
```

session_start() 这个函数没有参数，且返回值均为 TRUE。使用该函数后会开启一个会话，并返回已经存在的会话。当第一次访问网站时，session_start() 函数就会创建一个唯一的 SessionID，并自动通过 HTTP 的响应头将这个 SessionID 保存到客户端 Cookie

中。同时，也在服务器端创建一个以 SessionID 命名的文件，用于保存用户的会话信息。注意，这个函数调用之前不能有任何输出。

2. 注册会话变量

自 PHP 4.1 以后，会话变量保存在预定义数组 $_SESSION 中，所以可以以直接定义数组单元的方式来定义一个会话变量，语法格式如下：

```
$_SESSION[" 键名 "]=" 值 ";
```

将会话变量保存在超级全局数组 $_SESSION 中。

例如：

```php
<?php
session_start();
$_SESSION["name"]="myphp";
echo $_SESSION["name"];
?>
```

在上述代码段中，定义的会话变量在 $_SESSION 数组中的键名为"name"，值为"myphp"。会话变量定义后被记录在服务器中，并对该变量的值进行跟踪，直到会话结束或手动注销该变量为止。

3. 访问会话变量

把数据存储在会话变量后，即可通过超全局变量 $_SESSION 检索该值并在 PHP 页面中使用。在使用一个会话变量值之前，应检查该会话变量是否已经存在。

例如：

```php
<?php
session_start();
if (isset($_SESSION["counter"]))        // 判断会话变量是否存在
   $_SESSION["counter"]++;
else
   $_SESSION["counter"]=1;
echo " 您是第 ".$_SESSION["counter"]." 次访问本网站 ";
?>
```

上述代码是利用会话实现计数器的功能。首先检查会话变量 $_SESSION["counter"] 是否存在。若存在，则用户每访问一次，就会在该变量值基础上加 1；若不存在，说明该用户是第一次访问，需注册会话变量，并赋值 1。

4. 销毁会话变量

会话变量使用完后，删除已经注册的会话变量以减少对服务器资源的占用。删除会话变量使用 unset() 函数，语法格式如下：

```
void unset(mixed $var [,mixed $var [,$... ]])
```

$var是要销毁的变量，可以销毁一个或多个变量。这里不能直接销毁整个 $_SESSION 数组，因为这样将禁用会话功能。要一次销毁所有的会话变量，使用session_unset();。

例如：

```
<?php
session_start();
$_SESSION["str"]="welcome to China!";
unset($_SESSION["str"]);
if (!isset($_SESSION["str"]))             // 判断会话变量是否存在
   echo "删除会话变量成功!";
?>
```

上述代码段中，若一次销毁所有会话变量，可将 unset($_SESSION["str"]); 替换为 session_unset();。

5. 销毁会话

使用完一个会话后，要注销对应的会话变量，然后调用 session_destroy() 函数销毁会话，语法格式如下：

```
bool session_destroy(void)
```

该函数将删除会话的所有数据并清除 SessionID，关闭该会话。

例如：

```
<?php
session_start();
$_SESSION["str"]="welcome to China!";
session_unset();
session_destroy();
?>
```

如果要结束当前会话，首先要使用 session_unset() 函数从当前会话中注销所有会话变量，然后使用 session_destory() 函数清除当前会话的会话 ID。

◎ **任务实现**

用户登录的会话管理

【任务内容】

创建一个用户登录页面，设定的用户名和密码分别为 administrator 和 123456。表单提交本页面，当用户名和密码输入正确时，启动 Session，将用户名和密码值传到用户管理员页面。如果不先登录而访问用户管理员页面，则提示无权访问。

【学习目标】

掌握会话的工作原理，能利用 Session 实现会话。

【知识要点】

通过 Session 会话实现用户登录的会话过程（包括初始化会话、注册会话、访问会话、销毁会话）。

【操作步骤】

（1）本任务的实施需要完成两个文件，用户登录页面 session1.php 和管理员显示页面 session2.php。因此，在下面的代码编写中分别创建两个文件并命名。

（2）双击网页 session1.php，进入网页的编辑状态。在代码视图下，输入以下 PHP 代码：

session1.php 文件

```
<!doctype html>
<html>
<head>
<meta http-equiv="Content-Type" content="text/html; charset=utf-8"/>
<title> 用户登录页面 </title>
</head>
<body>
<style type="text/css">
td,table{
    width:300px;
    border:1px solid blue;
    text-align:center;
    color:blue;
}
</style>
<form id="form1" name="form1" method="post" action="session1.php">
  <table width="330" height="121" border="1" align="center" cellpadding=
"0" cellspacing="0">
    <tr>
      <td colspan="2" align="center"> 用户登录 </td>
    </tr>
    <tr>
      <td width="100" align="left" valign="middle"> 用户名 </td>
      <td width="230" align="left"><input name="username" type=
"text" id="username"/></td>
    </tr>
```

```
    <tr>
        <td align="left" valign="middle"> 密码 </td>
        <td align="left"><input name="password" type="password" id=
"password"/></td>
    </tr>
    .
    <tr>
        <td colspan="2" align="center"><input type="submit" name=
"submit" id="submit" value=" 登录 "/>
            <input type="reset" name="submit2" id="submit2" value=
" 重置 "/></td>
    </tr>
  </table>
</form>
</body>
</html>
<?php
  session_start();
  if(isset($_POST['submit']))
  {
    $username=$_POST['username'];
    $password=$_POST['password'];
    if($username=="administrator"&&$password=="123456")
      {
        $_SESSION['username']=$username;
        $_SESSION['password']=$password;
        header("location:session2.php");
      }
    else
        echo "<script>alert(' 登录失败 ');location.href='session.php';
</script>";
  }
?>
```

（3）双击网页 session2.php，进入网页的编辑状态。在代码视图下，输入以下
PHP 代码：

　　session2.php 文件

```
<?php
  session_start();
  $username=$_SESSION['username'];
```

```
$password=$_SESSION['password'];
if($username)
    echo "欢迎管理员".$username."登录,您的密码为".$password;
else
    echo "对不起,您没有权限登录本页";
?>
```

【预览效果】

预览效果如图 5-4、图 5-5 所示。

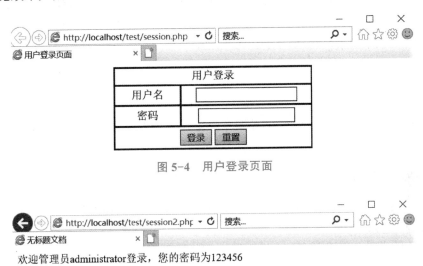

图 5-4　用户登录页面

图 5-5　管理员显示页面

任务 5.3　从用户登录信息保存时间中学习 Cookie 技术

任务描述

　　在上述任务实施中,是以两个页面为例,即便网站内有其他页面,用同种方式也能看到管理员的信息。但如果关闭浏览器,Session 会自动失效;再次开启网页,会重新创建新的 SessionID,如果希望原有信息可以保存一定时间,很显然这种方式是不可行的。这里就引出了 Cookie 的概念。

　　Cookie 是用户浏览网站时客户端存放在用户机器中的一个文本文件,其中保存了用户访问网站的私有信息。当用户下一次访问网站时,网站的脚本文件就可以读取这些信息。普通的 Session 在浏览器关闭后就失效了，而保存在 Cookie 中的 Session 允许在 Cookie 的有效期内保留。

借助上一个任务，进行升级，加入 Cookie 技术实现 Session 会话的长久保存。

◎ **知识准备**

Cookie 可以用来存储用户名、密码、访问该站点的次数等信息。在访问某个网站时，Cookie 将 HTML 网页发送到浏览器中的小段信息以脚本的形式保存在客户端的计算机上，它提供了一种在 Web 应用程序中存储用户特定信息的方法。当用户访问网站时，可以使用 Cookie 存储用户首选项或其他信息。当该用户在规定期限内再次访问网站时，应用程序便可以检索以前存储的信息。

5.3.1 Cookie 概述

Cookie 常用于识别用户，是一种服务器留在客户端计算机上的文本文件。文件中存放的是客户端用户的信息。

1. Cookie 原理

服务器将数据通过 HTTP 响应存储到浏览器上，浏览器可以在以后携带对应的 Cookie 数据访问服务器。

第一次请求时，PHP 通过 setcookie() 函数将数据通过 HTTP headers（http 协议响应头）返回给客户端。浏览器后续请求同一个网站的时候，会自动检测是否存在 Cookie 数据，如果存在将在请求头中将数据携带到服务器。任何从浏览器发回的 Cookie，PHP 都会自动地将它存储在 $_COOKIE 的全局变量之中，因此可以通过 $_COOKIE['key'] 的形式来读取某个 Cookie 值。PHP 执行的时候会自动判断浏览器请求中是否携带 Cookie，如果携带，自动保存到 $_COOKIE 中，利用 $_COOKIE 访问 COOKIE 数据。

PHP 中的 Cookie 具有非常广泛的使用，经常用来存储用户的登录信息、购物车等，且在使用会话 Session 时通常使用 Cookie 来存储会话 id 来识别用户，Cookie 具备有效期，当有效期结束之后，Cookie 会自动地从客户端删除。同时为了进行安全控制，Cookie 还可以设置域和路径。

2. Cookie 的优点

（1）Cookie 是一种基于文本的轻量结构，易于使用和实现。
（2）不占用任何服务器资源，存储在用户的计算机上。
（3）大多数浏览器都可以让用户轻松地清除 Cookie 信息，易于管理。
（4）可以设置 Cookie 有效期限，以便长久性保存。

3. Cookie 的缺点

（1）Cookie 以明文形式存储的，可能会造成安全风险。

（2）大多数浏览器对 Cookie 文本的大小有一定限制，一般为 4 kb。另外，Cookie 仅限于简单的字符串信息，它们无法存储复杂的信息。

（3）用户可以在浏览器中设置禁用 Cookie。这意味着用户可以决定不在浏览器上使用 Cookie，因此限制了这一功能的应用。

5.3.2　Cookie 的创建和使用

Cookie 的使用方法，包括创建 Cookie、取回 Cookie、删除 Cookie。

1. 创建 Cookie

在 PHP 中可以通过 setcookie() 函数创建 Cookie，语法格式如下：

```
bool setcookie (string $name [,string $value [,int $expire [,string
$path [,string $domain [,bool $secure [,bool $httponly]]]]]] )
```

说明：

name：设置 Cookie 的名称，可以通过 $_COOKIE["name"] 进行访问。

value：设置命名变量的值，该值保存在客户端，所以不要保存敏感数据。

expire：表示 Cookie 的过期时间，是 UNIX 时间戳格式，默认为 0，表示浏览器关闭即失效。

path：指定 Cookie 有效路径，默认值为设定 Cookie 的当前目录。如果路径设置为 "/"，则允许 Cookie 对所有目录有效。

domain：表示 Cookie 在服务器上的有效域名，默认整个域名都有效。若该参数设置了 "www.example.com"，则只在 www 子域中有效。设置了 ".example.com"，则 Cookie 能在 example.com 域名下的所有子域都有效。

secure：可以设置为 1 以指定 Cookie 应仅通过使用 HTTPS 的安全传输发送，否则设置为 0，这意味着 Cookie 可以通过常规 HTTP 发送。

上述参数，除了 string $name 外，其他都是可选的。

setcookie() 函数定义一个与其余 HTTP 标头一起发送的 Cookie。与其他标头一样，Cookie 必须在脚本的任何其他输出之前发送，这是协议限制。因此，需要将本函数的调用放到任何输出之前，包括 < html > 和 < head > 标签及任何空格。如果在调用 setcookie() 之前有任何输出，本函数将失败并返回 FALSE。如果 setcookie() 函数成功运行，将返回 TRUE。

另外，若想避免协议限制，也可以在服务端开启输出缓存，即在 php.ini 文件的 output_buffering 选项中设置为 4096，将不会出现警告信息。本书中，已将此项设置为 output_buffering = 4096。

例如：

```
<?php
setcookie("age","18");                              //设置 Cookie 的名称和值
setcookie("password","666666",time()+7*24*3600); //设置 Cookie 一星期有效
```

```
setcookie("username","student",time()+3600,"\php"); // 设置 Cookie 有效路
                                                               径 \php
?>
```

2. 取回 Cookie

PHP 的超全局变量 $_COOKIE 用于取回 Cookie 的值。语法格式如下：

```
$value=$_COOKIE["CookieName"];                      // 取回 Cookie 的值
```

$_COOKIE 是一个存储着所有 Cookie 信息的数组，可以通过 $_COOKIE["Cookie Name"] 的形式来获取具体 Cookie 的值。

例如：

```
<!DOCTYPE html>
<?php
  $cookie_name="admin";
  $cookie_value="teacher";
  setcookie($cookie_name,$cookie_value,time()+3600);
?>
<html>
<head>
<meta charset="utf-8">
<title> 无标题文档 </title>
</head>
<body>
<?php
 if(!isset($_COOKIE[$cookie_name])) {
    echo "Cookie named '".$cookie_name."' is not set!";
 } else {
    echo "Cookie named '".$cookie_name."' is set!<br>";
    echo "Cookie Value is: ".$_COOKIE[$cookie_name];
 }
?>
</body>
</html>
```

上述代码段中，用 setcookie() 函数创建了 Cookie 名称为 admin，值为 teacher，指定过期时间为 1 小时。用 isset() 函数来检查是否设置了 Cookie。如果设置了再进行输出。输出中用 $_COOKIE 取回名为 "admin" 的 Cookie 值 "teacher"。本例将输出如下信息：

Cookie named 'admin' is set!

Cookie Value is: teacher

3. 删除 Cookie

在 PHP 中，没有专门删除 Cookie 的函数。当 Cookie 被创建后，如果没有设置它的失效时间，其 Cookie 文件会在关闭浏览器时被自动删除，如果要在关闭浏览器之前删除 Cookie 文件，同样需要使用 setcookie() 函数。

例如：

```php
<?php
setcookie("CookieName","",time()-3600);
?>
```

删除 Cookie 和创建 Cookie 的方式基本类似，只需要使用 setcookie() 函数将 Cookie 的值（也就是第二个参数）设置为空，或者将 Cookie 的过期时间（也就是第三个参数）设置为小于系统的当前时间即可。

◉ 任务实现

用户登录的会话管理

【任务内容】

由于关闭浏览器，Session 会自动消失，若要使用 Session 则必须在每次重新开启浏览器窗口时创建新的 Session。为了解决这个问题，进行上一任务的案例升级，在代码中加入 Cookie 技术，使 Session 允许在 Cookie 的有效期内保留。

【学习目标】

掌握会话的工作原理，能利用 Cookie 技术实现会话。

【知识要点】

结合 Cookie 技术（包括创建、访问、删除 Cookie），实现有效期内的用户信息保留。

【操作步骤】

（1）本任务的实施需要完成两个文件，用户登录页面 cookie1.php 和管理员显示页面 cookie2.php。因此，在下面的代码编写中分别创建两个文件并命名。

（2）双击网页 cookie1.php，进入网页的编辑状态。在代码视图下，输入以下 PHP 代码（也可在上一任务 session1.php 文件基础上进行修改）：

cookie1.php 文件

```html
<!doctype html>
<html>
<head>
<meta http-equiv="Content-Type" content="text/html; charset=utf-8"/>
<title>用户登录页面</title>
</head>
<body>
```

```
<style type="text/css">
td,table{
      width:300px;
      border:1px solid blue;
      text-align:center;
      color:blue;
}
</style>
<form id="form1" name="form1" method="post" action="cookie.php">
    <table width="330" height="150" border="1" align="center" cellpadding=
"0" cellspacing="0">
    <tr>
      <td colspan="2" align="center"> 用户登录 </td>
    </tr>
    <tr>
      <td width="100" align="left" valign="middle"> 用户名 </td>
      <td width="230" align="left"><input name="username" type=
"text" id="username"/></td>
    </tr>
    <tr>
      <td align="left" valign="middle"> 密码 </td>
      <td align="left"><input name="password" type="password" id=
"password"/></td>
    </tr>
    <tr>
      <td colspan="2" align="center">Cookie 保存时间
        <select name="time" id="time">
          <option value="0"> 不保存 </option>
          <option value="1"> 保存 1 小时 </option>
          <option value="2"> 保存 1 天 </option>
          <option value="3"> 保存 1 星期 </option>
      </select></td>
    </tr>
    <tr>
      <td colspan="2" align="center"><input type="submit" name=
"submit" id="submit" value=" 登录 "/>
      <input type="reset" name="submit2" id="submit2" value=" 重
置 "/></td>
    </tr>
```

```
    </table>
</form>
</body>
</html>
<?php
  session_start();
  if(isset($_POST['submit']))
  {
    $username=$_POST['username'];
    $password=$_POST['password'];
    $time=$_POST['time'];
    if($username=="administrator"&&$password=="123456")
     {switch($time)
      {
      case 0:setcookie("username",$username);break;
      case 1:setcookie("username",$username,time()+60*60);break;
      case 2:setcookie("username",$username,time()+24*60*60);break;
      case 3:setcookie("username",$username,time()+7*24*60*60);break;
       }
      header("location:cookie2.php");
     }
  else
    echo "<script>alert(' 登录失败 ');location.href='cookie.php';
</script>";
  }
?>
```

（3）双击网页 cookie2.php，进入网页的编辑状态。在代码视图下，输入以下 PHP 代码（也可在上一任务 session2.php 文件基础上进行修改）：

cookie2.php 文件

```
<?php
$username=$_COOKIE['username'];
if($username)
  echo " 欢迎管理员 ".$username." 登录 ";
else
  echo " 对不起，您没有权限登录本页 ";
?>
```

【预览效果】

预览效果如图 5-6、图 5-7 所示。

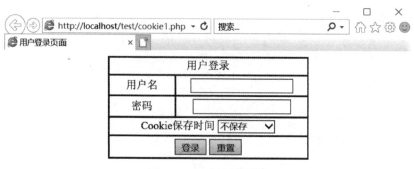

图 5-6　用户登录页面

欢迎管理员 administrator 登录。

图 5-7　管理员显示页面

页面交互与会话

【实训内容】

制作一个用户登录页面，登录时需要输入图像验证码，图像验证码上的字符要随机产生。输入的用户名、密码和随机验证码正确，则顺利跳转到管理员页面；若用户名、密码输入不正确，则弹出脚本提示信息"登录失败"；若用户名、密码输入正确，验证码输入不正确，则跳转页面显示"验证码错误，请重新登录！"。

实现验证码的创建
和验证

【实训目标】

（1）熟练掌握表单数据提交与接收的方法，并合理应用正则表达式完成数据有效性验证。

（2）掌握页面跳转的方法。

（3）使用会话变量进行会话管理。

（4）学会使用图像函数实验验证码的创建和验证。

【知识要点】

（1）页面跳转。

（2）会话管理。

（3）随机图像验证码的制作。

【实训案例代码】

（1）完成本实训，需要制作 3 个文件，分别为验证码图片生成文件 checkpic.php、登录文件 login.php、验证文件 checklogin.php。

（2）双击网页 checkpic.php，进入网页编辑状态。在代码视图下，输入以下 PHP 代码（checkpic.php 文件）：

```php
<?php
$num="";
for($i=0;$i<4;$i++) {
$num.=rand(0,9);                        // 随机生成一个 4 位数的数字
                                        //   验证码

}
session_start();
$_SESSION["checknum"]=$num;             // 将生成的验证码写入 Session
                                        // 创建图片，定义颜色值

header("Content-type: image/PNG");
srand((double)microtime()*1000000);
$img=imagecreate(60,20);                // 创建画布
$black=imagecolorallocate($img,0,0,0);  // 设置颜色
$gray=imagecolorallocate($img,200,200,200); // 设置颜色
imagefill($img,0,0,$gray);
$style = array($black, $black, $black, $black, $black, $gray,
$gray, $gray, $gray, $gray);
imagesetstyle($img, $style);            // 设置画线样式，像素组成的数组
$y1=rand(0,20);
$y2=rand(0,20);
$y3=rand(0,20);
$y4=rand(0,20);
imageline($img, 0, $y1, 60, $y3, IMG_COLOR_STYLED);
                                        // 随机绘制两条虚线，起干扰作用
imageline($img, 0, $y2, 60, $y4, IMG_COLOR_STYLED);
for($j=0;$j<80;$j++){
 imagesetpixel($img, rand(0,60), rand(0,20), $black);
                                        // 在画布上随机生成大量黑点，
                                        //   起干扰作用

}
                                        // 将四个数字随机显示在画布
                                        //   上，字符的水平间距和位置
                                        //   都按一定波动范围随机生成

$x=rand(3,8);
for($i=0;$i<4;$i++){
  $y=rand(1,6);
  imagestring($img,5,$x,$y,substr($num,$i,1),$black);
  $x=$x+rand(8,12);
}
```

```
imagepng($img);
imagedestroy($img);
?>
```

（3）双击网页 login.php，进入网页编辑状态。在代码视图下，输入以下 PHP 代码
（login.php 文件）：

```
<!doctype html>
<html>
<head>
<meta http-equiv="Content-Type" content="text/html; charset=
utf-8"/>
<title>用户登录页面</title>
</head>
<body>
<style type="text/css">
td,table{
    border:1px solid blue;
    color:blue;
}
</style>
<form id="form1" name="form1" method="post" action="login.php">
  <table width="384" height="121" border="1" align="center" cellpadding=
"0" cellspacing="0">
    <tr>
      <td height="30" colspan="2" align="center"><strong>用户登录
</strong></td>
    </tr>
    <tr>
      <td width="117" align="left" valign="middle">用户名：</td>
      <td width="261" height="30" align="left"><input name="username"
type="text" id="username" size="20"/></td>
    </tr>
    <tr>
      <td align="left" valign="middle">密码：</td>
      <td width="261" height="30" align="left"><input name="password"
type="password" id="password" size="20"/></td>
    </tr>
    <tr>
      <td align="left" valign="middle">验证码：</td>
```

```html
        <td width="261" height="30" align="left" valign="middle">
<input name="code" type="text" size="20"/>
        <img src="checkpic.php" width="50" height="20"></td>
    </tr>
    <tr>
        <td height="30" colspan="2" align="center"><input type="submit"
name="submit" id="submit" value="登录"/>
        <input type="reset" name="submit2" id="submit2" value="重
置"/></td>
    </tr>
  </table>
</form>
</body>
</html>
<?php
  session_start();
  if(isset($_POST['submit']))
  {
    $username=$_POST['username'];
    $password=$_POST['password'];
    $usercode=$_POST["code"];
    if($username=="administrator"&&$password=="123456")
      {
        $_SESSION['username']=$username;
        $_SESSION['usercode']=$usercode;
        header("location:checklogin.php");
      }
    else
        echo "<script>alert('登录失败');location.href='login.php';
</script>";
    }
?>
```

（4）双击网页 checklogin.php，进入网页的编辑状态。在代码视图下，输入以下
PHP 代码（checklogin.php 文件）：

```html
<!doctype html>
<html>
<head>
<meta http-equiv="Content-Type" content="text/html; charset=
```

```
utf-8"/>
<title> 管理员页面 </title>
</head>
<body>
</body>
</html>
<?php
  session_start();
  $username=$_SESSION['username'];
  $passcode=$_SESSION['checknum'];        // 访问会话变量，取出 4 位验证码
  $usercode=$_SESSION['usercode'];        // 获取用户输入的验证码
  if($passcode!=$usercode)                // 验证用户输入的验证码是否正确
    {
     echo "验证码错误，请重新登录!";
     echo "<a href='login.php'>登录</a>";
     }
  else
   {
   if($username)
      echo "欢迎管理员 ".$username."登录本网站";
   else
      echo "对不起，您没有权限登录本页";
   }
?>
```

【预览效果】

运行 login.php 文件，输入用户名"administrator"，密码"123456"，验证码"93992"，如图 5-8 所示。

单击"登录"按钮，若用户名、密码、验证码正确，则进入管理员界面，如图 5-9 所示。

图 5-8　用户登录页面

图 5-9　管理员页面

若用户名或密码输入错误，则弹出脚本对话框，提示"登录失败"，如图 5-10 所示。

若用户名和密码输入正确，验证码输入错误，则提示"验证码错误，请重新登录！"，如图 5-11 所示。

图 5-10　登录失败提示　　　　　　　　图 5-11　验证码错误提示

习题

一、填空题

1. 在实际开发中，注销功能是通过删除_____和 Cokie 实现的。

2. 在实际开发中，可以通过设置_____的有效期来实现用户 7 天免登录的功能。

3. 执行_____函数可以同时删除 Session 数据和文件。

4. PHP 中 Session 的设置和读取都是由超全局数组_____来完成。

5. 从 Session 中获取数据，需要使用_____函数开启 Session。

二、判断题

1. 若要存储从 Session 中获取的数据只能是数组或基本数据类型。（　　）

2. PHP 中 Session 支持任意类型的数据。（　　）

3. 由于 $_ESSION 是超全局数组，所以数组内每个元素可以对应多个 Session 数据。（　　）

4. 在 PHP 中，必须使用超全局数组 $_SESSION[] 向 Session 添加数据。（　　）

5. 在调用 session_start() 前不能有任何输出，包括空格和空行，否则会报错。（　　）

单元 6
面向对象编程

【知识目标】

1. 了解面向对象思想。
2. 掌握类、对象的概念。
3. 掌握面向对象的三大特性：继承、重载与封装。
4. 掌握类和对象的创建。
5. 掌握类的继承。
6. 掌握类的抽象与接口技术。

【能力目标】

1. 能理解面向对象的编程思想。
2. 能正确理解类和对象的概念及关系。
3. 能正确进行类和对象的创建和访问。

【素养目标】

1. 从类和对象的关系培养家国情怀。
2. 由类的继承理解传承的重要性，培养不忘传统、开拓进取的精神。
3. 通过方法重载，培养创新意识。

知识要点

1. 面向对象的定义和概念。
2. 类的定义。
3. 对象的生成。
4. 类和对象的访问。
5. 继承与多态。

　　小王作为一名计算机专业的学生，除 PHP 外，对其他语言也有所了解。比如他知道，Java 语言就是一种较流行的面向对象的编程语言。通过上网查阅资料，小王了解到，前面学习的 PHP 的编程主要采用面向过程的编程思想，即按步骤逐步执行。而面向对象编程是当今软件开发的主流方法之一，那么 PHP 可不可以采用面向对象的方法来进行编程呢？如果我们要对学生的信息进行处理，能否采用面向对象的方法来实现，又将如何实现呢？

　　经过初步了解，小王知道了 PHP 5.0 以上版本的最大特点就是引入了面向对象的全部机制。和一些面向对象的语言有所不同，PHP 并不是一种纯面向对象的语言。但 PHP 也支持面向对象的程序设计，并可以用于开发大型的商业程序。因此，学好面向对象编程对 PHP 程序员来说也是至关重要的。为此，小王决定开启 PHP 面向对象编程的学习之旅。

任务 6.1　从 Person 类的创建和实例化中学习类和对象

任务描述

　　要学习面向对象编程，我们首先应该清楚以下问题：什么是面向对象编程？面向对象编程的主要特征是什么？弄清楚了这些问题后，让我们来学会通过面向对象的方法存储和访问要处理的数据，例如人的姓名、年龄等数据的处理。

知识准备

　　面向对象的编程技术（object-oriented programming，OOP）是一种与面向过程编程不同的技术，目前已得到十分广泛的应用。特别是对于各种大型应用软件的开发来说，面向对象编程更是一种首选的解决方案。

6.1.1　面向对象编程的基本概念

　　面向对象编程是一种计算机编程架构。OOP 一条基本原则是计算机程序是由单个能够起到子程序作用的单元或对象组合而成。OOP 达到软件工程的三个目标：重用性、灵活性和扩展性。传统结构化编程是一种线性的过程执行步骤，数据和处理数据的程序是分离的，软件的扩展和复用能力很差。而采用面向对象编程是把传统的功能模块化，它将数据及处理数据的相应函数"封装"到一个模块即"类（class)"中。每个模块拥有自己的独立功能并各尽其职，有时不同模块之间还可以相互结合并实现更强大的功能。这就是面向对象编程的基本思路，它不仅可以让程序有更多的扩展性和维护性，而且还有更强的重用性，从而在处理相同或类似事务时不必重复构造代码，只需要把不同的功能模块相互组合即可。

严格地讲，PHP 并不是一个真正的面向对象的语言，而是一个混合型语言，用户可以使用面向对象编程，也可以使用面向过程编程。在一些简单事务处理和小型项目中，面向过程编程还是值得推荐的，因为在性能、开发效率、维护成本等方面会优于面向对象编程。而在一些大型项目中，则推荐使用面向对象编程。

面向对象的编程思想力图使程序对事物的描述与该事物在现实中的形态保持一致。为了做到这一点，面向对象的思想提出两个概念，即类和对象。

类（class）是面向对象编程中的一个十分重要的概念与要素，类是对某一类事物的抽象描述。所谓类，就是具有相同特征与行为的一组对象的描述与定义，相当于对象的类型或分类，可将类看作构造对象的模板。在类里有两个基本的元素：成员属性和成员方法。

对象则是相应类的一个实例，用于表示现实中某类事物的个体。基于同一个类所生成的每一个对象，都包含有该类所具有的方法，但其属性的取值可能不同。类和对象的关系，类似我们所熟悉的数据类型与变量的关系，也是一种抽象与具体的关系。

例如，在开发一个学生成绩管理系统时，可先创建一个学生类 student。该类具有学号、姓名、性别等属性，也具有一些方法，如查询成绩、修改密码等。有了学生类 student，便可以创建具体的学生对象，如 studentA、studentB 等。通过各学生对象调用其方法去完成相应的操作，如查询成绩、修改密码等。在此，学生类实际上是一个整体概念，可理解为所有学生个体的统称。而每个学生对象或学生个体，是学生类的一个具体实例。各学生对象都具有相同的属性集，但其具体取值可能有所不同。另外，各学生对象都具有相同的方法集，通过对有关方法的调用，即可让各学生对象完成相应的操作。

类和对象的关系如同我们的国家和我们的关系。"我们都有一个家，名字叫中国"，每一个中国人，都是这个国家中具体的一员。国家富强了，则我们每个中国人就拥有了更多的能力。中国有了高铁，则我们每个人都可以拥有乘坐高铁的权利。

那么和面向过程的编程相比，面向对象编程有哪些主要特征呢？面向对象的三大特征是封装、继承、多态。

1. 封装

封装是将数据和代码捆绑到一起，避免外界的干扰和不确定性。在 PHP 中，封装是通过类来实现的。类是抽象数据类型的实现，一个类的所有对象都具有相同的数据结构，并且共享相同的实现操作的代码，而各个对象又有着各自不同的状态，即私有的存储。因此，类是所有对象的不同状态和共同行为的结合体。

2. 继承

继承是指从一个已存在的类派生出另外一个或多个新类。其中，被继承的类称为父类，而通过继承所产生的新类称为子类。由于子类是从其父类继承而来的，因此子类将拥有其父类的全部属性与方法。此外，必要时还可以在子类中对所继承的属性与方法进行修改或者添加新的属性和方法。继承是面向对象编程的重要特征，也是使应用程序具有良好的可重用性与可扩展性的根本所在。

3. 多态

多态是指同名的方法和功能可随对象类型或参数定义的不同而有所不同。实现多态的主要方法是重载，即对类中已有的方法进行重新定义。对于某一类对象来说，在调用多态方法进行传递的参数或参数个数不同，该方法所实现的功能也会有所不同。多态机制使具有不同的内部结构的对象可以共享相同的外部接口，通过这种方式减少代码的复杂度。

6.1.2 类的声明

在面向对象的思想中，最核心的就是对象。为了在程序中创建对象，需要定义一个类。类是对象的抽象，它用于描述一组对象的共同特征和行为。类中可以定义属性和方法，其属性用于描述对象的特征，方法用于描述对象的行为。类的定义语法格式如下：

```
class   类名{
     成员属性；
     成员方法
}
```

说明：class 是定义类的关键字，通过该关键字就可以定义一个类。在类中声明的变量被称为成员属性，主要用于描述对象的特征；在类中声明的函数被称为成员方法，主要用于描述对象的行为。

接下来通过一个案例来演示如何定义一个类，以学生这个类为例，属性包括学号、姓名、年龄等，方法包括说话、上课等。

【例 6-1】student 类的定义。

```
class student{
  public number;
  public $name;
  function say()
  {
      echo "我的学号是：".$this->number. "我的名字是".$this->name."。
<br>";
        }
  }
}
```

例 6-1 中定义了一个类。其中，student 是类名，number 和 name 是成员属性，

say() 是成员方法。在成员方法 say() 中可以使用 $this 访问成员属性 number 和 name。需要注意的是，$this 表示当前对象，这里是指 student 类实例化后的具体对象。

6.1.3 类的实例化

在声明了一个类后，类只存在文件中，程序是不能直接调用的。应用程序想要完成具体的功能，仅有类是远远不够的，还需要根据类创建实例对象。在 PHP 程序中可以使用 new 关键字来创建对象，具体格式如下：

```
$ 对象名 =new 类名 ([ 参数 1, 参数 2, … ]);
```

说明："$ 对象名"表示一个对象的引用名称，通过这个引用就可以访问对象中的成员，其中 $ 符号是固定写法，对象名是自定义的。"new"表示要创建一个新的对象，"类名"表示新对象的类型。"[参数 1，参数 2]"中的参数是可选的。对象创建成功后，就可以通过"对象 -> 成员"的方式来访问类的成员。需要注意的是，如果在创建对象时不需要传递参数，则可以省略类名后面的括号，即"new 类名 ;"。

接下来通过一个案例来演示如何创建 student 类的实例对象。

【例 6-2】student 类的实例化。

```php
<?php
                    //定义一个 student 类
class student{
    public $number;
    public $name;
    function say()
    {
        echo "我的学号是".$this->number. ", 我的名字是".$this->name.".
<br>";
    }
}
$stu1=new student();    // 实例化对象 stu1
$stu2=new student();    // 实例化对象 stu12
var_dump($stu1);        // 输出 ["number"]=> NULL ["name"]=> NULL
var_dump($stu2);        // 输出 ["number"]=> NULL ["name"]=> NULL
?>
```

从上例可以看出，虽然我们实例化了两个 student 类的对象，但因为并未对它们的属性进行赋值，也未调用任何方法，所以它们的属性值都为 Null 空值。

在实例化一个类时，有些类允许在实例化时接收参数，如果能够接收参数，可以使用以下代码创建对象，其中 $args 是所带参数：

```php
$obj=new Ctest([$args, … ]);
```

6.1.4　类的访问

在对象被创建之后，可以在类的外部对该对象的属性和方法进行访问，访问的方法是在对象后面使用"->"符号加上要访问的属性和方法。例如，创建了对象"$stu1"，类中有属性"$number"，要访问该属性可以使用"$stu1->number"，注意属性的前面没有"$"。

例如，访问 student 类的属性和方法：

```
$stu1->number='210001';        //给对象 $stu1 的属性 $number 赋值
echo $stu1->number;            //输出 '210001'
```

为控制属性和方法的可见性，PHP 中引入了三个访问修饰符：public、private 和 protected。通常放置在属性和方法的声明之前。

（1）public。声明为公用的属性和方法，可以在类的外部或内部进行访问。public 是默认选项，如果没有为一个属性或方法指定修饰符，那么它将是 public 的。

（2）private。声明为私有的属性和方法，只可以在类的内部进行访问。私有的属性和方法将不会被继承。

（3）protected。声明为被保护的属性和方法，只可以在类的内部和子类的内部进行访问。

【例 6-3】访问修饰符。

```php
<?php
                        //定义一个 student 类
class student{
    public $number;
    public $name;
    private $phone;
    function say()
    {
        echo "我的学号是".$this->number. ",我的名字是".$this->name."。
<br>";
    }
}
    $stu1=new student();
    $stu1->number='101';
    $stu1->name = "张三";
    $stu1->say();              //输出"我的学号是101,我的名字是张三。"
    $stu1->phone="6288798";//本语句出错，访问权限不够
?>
```

在进行类设计时，通常将类的属性设为私有的，而将大多数方法设为公有的。这

样，类以外的代码不能直接访问类的私有数据，从而实现了数据的封装。而公有的方法可为内部的私有数据提供外部接口，但接口实现的细节在类外又是不可见的。

6.1.5　静态属性和方法

1．静态属性

在类的定义中，有时希望某些特定的数据在内存中只有一份，并且可以被类的所有实例对象所共享。例如，某个学校所有学生都是中国国籍，此时完全不必在每个学生对象所占用的内容空间都定义一个字段来存储这个国籍名称，此时可以使用静态属性来表示国籍让所有对象来共享。

定义静态属性的语法格式如下：

```
访问修饰符 static  变量名
```

说明：static 关键字写在访问修饰符的后面，访问修饰符可以省略，默认为 public。

需要注意的是，静态属性属于类而非对象，所以不能使用"对象 –> 属性"的方式来访问，而应该通过"类名 :: 属性"的方式来访问。如果是在类的内部，还可以使用 self 关键字代替类名。

为了更好地理解静态属性，接下来通过一个案例来演示。

【例 6-4】静态属性的使用。

```php
<?php
    class Student{
                                    // 定义 show() 方法，输出学生的国籍
        public static $nationality=" 中国 ";
        public    function show (){
            echo " 我的国籍是： ".self::$nationality."<br>";
        }
    }
    $stu1=new Student();
    $stu2=new Student();
    echo " 学生 1: <br>";
    $stu1->show();
    echo " 学生 2: <br>";
    $stu2->show();
?>
```

运行结果如图 6-1 所示。

在上例中，"学生 1"和"学生 2"的国籍都是"中国"，这是由于在 student 类中定义了一个静态属性 $nationality，该属性会被所有 Student 类的实例共享，因此，在调用学生 1 和学生 2 的 show() 方法时，均输出"我的国籍是：中国"。

图 6-1　运行结果

2. 静态方法

有时希望在不创建对象的情况下就可以调用某个方法，也就是使该方法不必和对象绑在一起。要实现这样的效果，可以使用静态方法。静态方法在定义时只需在方法名前加上 static 关键字，其语法格式如下：

```
访问修饰符 static  方法名()
```

静态方法的使用规则和静态属性相同，即通过类名称和范围解析操作符（::）来访问静态方法。接下来通过一个案例来学习静态方法的使用。

【例 6-5】静态方法的使用。

```php
<?php
    class Student{
                            //定义 show()方法，输出学生的国籍
        public static $nationality=" 中国 ";
        public static function show (){
            echo " 我的国籍是： ".self::$nationality;
        }
    }
    Student::show();
?>
```

运行结果如图 6-2 所示。

图 6-2　程序运行结果

上例中，定义了一个静态方法 show 来输出学生的国籍。通过"类名::方法名"的形式调用了 Student 类的静态方法，在静态方法中访问了静态属性 $nationality，通常情况下静态方法是用来操作静态属性的。

6.1.6　构造函数与析构函数

构造函数是类中的一个特殊函数（或特殊方法），可在创建对象时自动地加以调用。通常可在构造函数中完成一些必要的初始化任务，如设置有关属性的初值、创建所需要的其他对象等。与构造函数一样，析构函数也是类中的一个特殊函数（或特殊方法），但与构造函数相反，析构函数是在销毁对象时被自动调用的。通常可在析构函数中执行一些在销毁对象前所必须完成的操作。

（1）构造函数。在 PHP 4 中，在类的内部与类同名的函数都被认为是构造函数，在创建类的对象时被自动执行。而在 PHP 5 中，构造函数的名称为 _construct，"construct"的前面是两根下画线。如果一个类同时拥有 _construct 构造函数和与类名相同的函数，PHP 5 将把 _construct 看作构造函数。PHP 中的构造函数可以带参数，也可以不带参数。

（2）析构函数。类的析构函数的名称是 _destruct，如果在类中声明了 _destruct 函数，PHP 将在对象被销毁前调用析构函数将对象从内存中销毁，节省服务器资源。接下来通过一个案例来学习构造函数的使用。

【例 6-6】构造函数和析构函数。

```php
<?php
class student
{
  private $number;
  private $name;
  private $sex;
  function _construct($number,$name,$sex) // 构造函数，设置学生的信息
  {
    $this->number=$number;
    $this->name=$name;
    $this->sex=$sex;
  }
  function getinfo()                           //输出学生信息
  {
    echo "学号：  $this->number"."<BR>";
    echo "姓名：  $this->name"."<BR>";
    echo "性别：  $this->sex"."<BR>";
  }
}
  function _destruct()                         //析构函数
  {
    echo "学生<".$this->name.">走了！ <br>";
  }
```

```
}
                                        //创建学生对象
$stu1=new student("101"," 张三 "," 男 ");
$stu1->getinfo();                       //输出学生信息
$stu1=NULL;                             //销毁学生对象
?>
```

在该案例中，学生类 student 的构造函数 _construct() 的功能为设置学生的学号、姓名和性别（在此也可以将构造函数命名为 student）。由于学生类 student 定义有构造函数，因此，在创建学生对象时，可自动调用并完成相应的设置学生信息的功能。类中也定义有析构函数 _destruct()，因此，在程序运行结束自动销毁学生对象时，将自动对其进行调用。该案例的运行结果如图 6-3 所示。

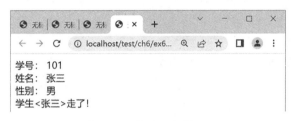

图 6-3　程序运行结果

◉ 任务实现

类的创建和实例化

【任务内容】

创建一个 Person，设置相应的属性和方法，实例化该类的对象，对其属性进行赋值并调用相关方法进行信息显示。

类的创建和使用

【学习目标】

学会类的创建和实例化。掌握构造函数和析构函数的使用。

【知识要点】

类的创建和实例化。

构造函数和析构函数。

【操作步骤】

新建文件 person.php，程序代码如下：

```php
<?php
class person{
    public $name;
    public $age;
    public $gender;
    public function _construct($name, $age, $gender =' 男 '){
```

```
                                                    //性别参数设置了默认值
        $this ->name = $name;
        $this ->age = $age;
        $this ->gender = $gender;
    }
    public function say(){
            echo "你的名字是：{$this -> name}，";
            echo "你的年龄是：{$this -> age}，";
            echo "你的性别是：{$this -> gender}。";
    }
}
$person1 = new person("张三", 19);
echo $person1 ->name;
echo "<br/>".$person1 ->age;
echo "<br/>".$person1 ->gender;
echo "<br/>";
$person1 ->say();
echo "<hr/>";
$person2 = new person("李四", 30,"女");
echo "<br/>".$person2 ->name;
echo "<br/>".$person2 ->age;
echo "<br/>".$person2 ->gender;
echo "<br/>";
$person2 ->say();
echo "<hr/>";
?>
```

【预览效果】

运行结果如图 6-4 所示。

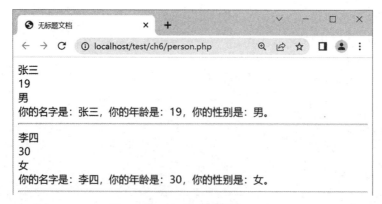

图 6-4　运行结果

任务 6.2　从 Student 类的创建和使用中学习类的继承

任务描述

在前面的任务中，我们学习了 student 类和 Person 类的定义和使用。如果我们要创建一个学生成绩管理系统，还需要进行教师信息的处理。如果也采用面向对象编程，还需创建一个教师 (teacher) 类，其主要数据将包括教师的姓名、年龄、性别、教工号、教授课程等信息。由于前面已经学习创建了 Person 类，其中已包括了对姓名、年龄、性别数据的处理，考虑能否通过 Person 类简化对 teacher 类的处理。

面向对象编程中的继承性可以很好地解决上述问题。

知识准备

6.2.1　类的继承

类的继承

中国少年先锋队的队歌中有唱到"我们是共产主义接班人，继承革命先辈的优良传统……"。继承中华优秀传统文化，传承富有中国心、饱含中国情、充满中国味的中华文脉，是我们每个中国人尤其是年轻一代的责任，我们更应该在"继承"的基础上有所创新，不断发扬光大。

在程序中，继承描述的是事物之间的所属关系，与现实生活中类似，通过继承可以使多种事物之间形成一种关系体系。

在 PHP 中，类的继承是指在一个现有类的基础上去构建一个新的类。构建出来的新类被称作子类，现有类被称为父类。子类会自动拥有父类所有可继承的属性和方法，并且可以添加所需要的新的方法和属性。

在程序中，如果想声明一个类继承另一个类，需要使用 extends 关键字，具体语法格式如下：

```
class  子类名 extends  父类名{
    类体
}
```

为了让初学者更好地学习继承，接下来通过一个案例来学习子类如何继承父类。

【例 6-7】类的继承。

```php
<?php
```

```
class Animal{                    //定义 Animal 类
public $name;
public function shout(){
    echo "它会叫<br>";
}
}
class Cat extends Animal{   //定义 Cat 类继承自 Animal 类
public function showName(){
echo "它的名字是".$this->name;
}
}
$cat=new Cat();
$cat->name=" 小花 ";             //继承父类属性name
$cat->shout();                   //继承父类方法 shout
$cat->showName();
?>
```

运行结果如图 6-5 所示。

图 6-5　程序运行结果

在此案例中，Cat 类通过 extends 关键字继承了 Animal 类，这样 Cat 类便是 Animal 类的子类。从运行结果不难看出，子类虽然没有定义 name 属性和 shout() 方法，但是能访问这两个成员。这就说明，子类在继承父类的时候，会自动拥有父类的成员。

"继承"这一重要机制扩充了类的定义，实现了面向对象的优越性。继承提供了创建新类的方法，这种方法就是，一个新类可以通过对已有的类进行修改或扩充来满足新类的需求。新类共享已有类的行为，而自己还具有修改的或额外添加的行为。因此，可以说继承的本质特征是行为共享。

6.2.2　方法重载

在继承关系中，子类会自动继承父类中定义的方法，但有时在子类中需要对继承的方法进行一些修改，即对父类的方法进行重写。如同现实生活中，我们常说要"青出于蓝而胜于蓝"，对同一个问题，如果在原有的解决办法的基础上，能够从多角度、多思路出发，就会不断创新，呈现出"生机勃勃、枝繁叶茂、开花结果"的美好景象。

需要注意的是，在进行方法重载时，在子类中重写的方法需要和父类被重写的方法具有相同的方法名、参数。

在例 6-7 中，Cat 类从 Animal 类继承了 shout() 方法，该方法在被调用时会打印"我会叫"，这并不能描述一种具体动物的叫声，Cat 类表示猫科，发出的叫声应该是"喵喵"。为了解决这个问题，可以在 Cat 类中重写父类 Animal 中的 shout() 方法，具体代码见例 6-8。

【例 6-8】方法重载。

```php
<?php
                                    //定义 Animal 类

    class Animal{

                                    //动物叫的方法

        public function shout(){
            echo "它会叫";
        }
    }
                                    //定义 Cat 类继承自 Animal 类

    class Cat extends Animal{

                                    //定义猫叫的方法

        public function shout(){
            echo '喵喵......';
        }
    }
    $cat=new Cat();
    $cat->shout();                  //调用自己的 shout 方法，输出"喵喵"
?>
```

上面案例中，定义了 Cat 类并且继承自 Animal 类。在子类 Cat 中定义了一个 shout() 方法对父类的方法进行了重写。在调用 Cat 类对象的 shout() 方法时，只会调用子类重写的该方法，并不会调用父类的 shout() 方法。

如果想要调用父类中被重写的方法，就需要使用 parent 关键字，parent 关键字用于访问父类的成员。由于 parent 关键字引用的是一个类而不是一个对象，因此，需要使用范围解析操作符（::）。接下来通过一个案例来演示如何使用 parent 关键字访问父类成员方法。

【例 6-9】访问父类成员方法。

```php
<?php
                                    //定义 Animal 类

    class Animal{

                                    //动物叫的方法

        public function shout(){
            echo "它会叫";
```

```
        }
    }
                                    //定义 Cat 类继承自 Animal 类
    class Cat extends Animal{
                                    //定义猫叫的方法
        public function shout(){
            parent::shout();
            echo "<br>";
            echo '喵喵......';
        }
    }
    $cat=new Cat();
    $cat->shout();
?>
```

运行结果如图 6-6 所示。

图 6-6　程序运行结果

上面案例中，定义了一个 Cat 类继承 Animal 类，并重写了 Animal 类的 shout() 方法。在子类 Cat 的 shout() 方法中使用 "parent::shout();" 调用了父类被重写的方法。从运行结果可看出，子类通过 parent 关键字可以成功地访问父类的成员方法。

6.2.3　使用 final 关键字

继承为程序编写带来了巨大的灵活性，但有时可能需要在继承的过程中保证某些类或方法不被改变，此时就需要使用 final 关键字。final 关键字有"无法改变"或者"最终"的含义，因此被 final 修饰的类和成员方法不能被修改。接下来将针对 final 关键字进行详细讲解。

1. final 关键字修饰类

PHP 中的类被 final 关键字修饰后，该类将不可以被继承，也就是不能够派生子类。

2. final 关键字修饰方法

当一个类的方法被 final 关键字修饰后，这个类的子类将不能重写该方法。接下来通过一个案例来学习。

【例 6-10】final 关键字。

```php
<?php
    class Animal{
        final public function shout(){
            echo "它会叫";
        }
    }
    class Cat extends Animal{
        public function shout(){
            echo "喵喵";
        }
    }
    $cat=new Animal();
    $cat->shout();                          //编译
?>
```

运行结果如图 6-7 所示。

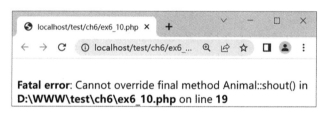

图 6-7   运行结果

上述案例中，Cat 类重写父类 Animal 中的 shout() 方法后，编译报错。这是因为 Anima 类的 shout() 方法被 final 所修饰。由此可见，被 final 关键字修饰的方法为最终方法，子类不能对该方法进行重写。正是由于 final 的这种特性，当在父类中定义某个方法时，如果不希望被子类重写，就可以使用 final 关键字修饰该方法。

◎ 任务实现

类的继承

【任务内容】
使用继承的方法从 Person 类继承产生新类 teacher 类，通过为 teacher 类增加新的属性并重写父类方法，实现相应的信息显示。
【学习目标】
学会类的继承和方法的重载。
【知识要点】
类的继承。

【操作步骤】

新建文件 teacher.php，程序代码如下：

```php
<?php
    class person                            //定义 Person 类
    {
        public $name;
        public $age;
        public $gender;
        public function _construct($name, $age, $gender)
        {
            $this->name = $name;
            $this->age = $age;
            $this->gender = $gender;
        }
        public function say()
        {
            echo "你的名字是：{$this->name}";
            echo "<br>你的年龄是：{$this->age}";
            echo "<br>你的性别是：{$this->gender}";
        }
    }
    class teacher extends person            //继承 Person 类
    {
        private $tid;
        private $prof;
        public function _construct($name, $age, $gender, $tid, $prof)
        {
            parent::_construct($name, $age, $gender);
                                            //调用父类构造函数
            $this->tid = $tid;
            $this->prof = $prof;
        }
        public function say()               //重写父类成员方法
        {
            parent::say();                  //调用父类成员方法
            echo "<br>你的教工号是：{$this->tid}";
            echo "<br>你的职称是：{$this->prof}";
        }
    }
```

```
$t1 = new teacher('张华', 30, '女', 'T101', '讲师');
$t1->say();
?>
```

【预览效果】

运行结果如图 6-8 所示。

图 6-8　运行结果

任务 6.3　从 Person 类中学习抽象类和接口

任务描述

前面我们学习了如何创建类，并学习了如何从已有父类进行继承，但只实现了单一继承，即子类只能有一个父类。若希望同时从多个父类继承，该如何实现呢？以 Person 类为例，若想生成两个不同的类 Chinese 和 Americans（分别代表"中国人"和"美国人"），它们都要继承 Person 类的 say 方法，但方法体要有所不同；若它们还希望同时继承其他类的方法，又该如何实现？

知识准备

当定义一个类时，常常需要定义一些方法来描述该类的行为特征，但有时这些方法的实现方式是无法确定的，此时就可以使用抽象类和接口。抽象类和接口用于提高程序的灵活性。同时，通过接口，我们间接实现类的多继承。

6.3.1　抽象类与抽象方法

抽象类是一种特殊的类，用于定义某种行为，但其具体的实现需要子类来完成。例如，定义一个动物类，对于"叫"这个方法，每种动物"叫"的方式不同，此时，可以使用 PHP 提供的抽象类和抽象方法来实现。定义抽象类需要使用 abstract 关键字，具体语法格式如下：

```
abstract class 类名 (
    类的成员
}
```

以动物类为例，由于每种动物叫的方式不同，所以需要将动物的 shout() 方法定义成抽象方法。抽象方法是指使用关键字 abstract 定义的尚未实现（没有任何代码）且无任何参数的，以分号"；"结束的方法。在子类继承时再来编写该方法的具体实现。其语法格式为

```
abstract function 方法名();
```

接下来通过一个案例来学习抽象类与抽象方法。

【例 6-11】抽象类。

```php
<?php
                                    //使用abstract关键字声明一个抽象类
    abstract class Animal{
                                    //在抽象类中声明抽象方法
        abstract public function shout();
    }
                                    //定义Cat类继承自Animal类
    class Cat extends Animal{
                                    //实现抽象方法shout()
        public function shout()
        {
            echo "喵喵......<br>";
        }
    }
                                    //定义Dog类继承自Animal类
    class Dog extends Animal{
                                    //实现抽象方法shout()
        public function shout()
        {
            echo "汪汪......<br>";
        }
    }
    $cat=new Cat();
    $cat->shout();
    $dog=new Dog();
```

```
    $dog->shout();
?>
```

案例的运行结果如图 6-9 所示。

图 6-9　运行结果

上述案例中，Cat 类和 Dog 类继承了抽象类 Animal 并实现抽象方法 shout()，分别调用各自的 shout()，输出了不同的叫声。

6.3.2　接口

PHP 只能进行单继承，即一个类只能有一个父类。为了解决这个问题，PHP 5 引入接口的概念。接口是一个特殊的抽象类，使用 interface 关键字取代 class 关键字来定义。抽象类中允许存在非抽象的方法和属性，而在接口中定义的方法都是抽象方法。在接口中不能使用属性，但可以使用 const 关键字定义常量。例如：

```
const con=100;
```

接口的定义方法和定义类的方法类似，在接口中定义抽象方法不使用 abstract 关键字。例如：

```php
<?php
interface stu
{
    const name=" 未命名 ";
    function show();
    function getname($name);
}
?>
```

接口和类一样，也支持继承，接口之间的继承也使用 extends 关键字。例如：

```php
<?php
interface A
{
    const name="";
    function show();
```

```
}
interface B extends A
{
    function getname();
}
?>
```

定义了接口之后可以将其实例化，接口的实例化称为接口的实现。要实现一个接口需要一个子类来实现接口的所有抽象方法。定义接口的子类使用 implements 关键字，另外，一个子类还可以实现多个接口，这样就解决了多继承的问题。

【例 6-12】接口。

```
<?php
                            //定义 Animal 接口
    interface  Animal{
        public function shout();
    }
                            //定义 LandAnimal 接口
    interface  LandAnimal{
        public function run();
    }
    interface SkyAnimal{
        public function fly();
    }
                            //定义 Dog 类，实现了 Animal 和 LandAnimal
                            接口
    class Dog implements Animal,LandAnimal{
        public function run(){
            echo "狗在奔跑<br>";
        }
        public function shout(){
            echo "汪汪……<br>";
        }
    }
    class Pigeon implements Animal,SkyAnimal{
        public function fly(){
            echo "鸽子在飞翔<br>";
        }
        public function shout(){
            echo "咕咕……<br>";
```

```
        }
    }
    $dog=new  Dog();
    $dog->run();
    $dog->shout();
    $pigeon=new Pigeon();
    $pigeon->fly();
    $pigeon->shout();
?>
```

运行结果如图 6-10 所示。

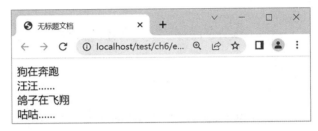

图 6-10　运行结果

一个子类还可以同时继承一个父类和多个接口，例如，假设类 base 和上面代码中的接口已经创建，创建一个子类继承它们可以使用如下代码：

```
class 子类 extends 父类 implements 接口 1 [,接口 2…]
{
                        //类内容省略
}
```

任务实现

【任务内容】

以 Person 类为父类，生成两个不同的子类 Chinese 和 Americans（分别代表"中国人"和"美国人"），它们都要继承 Person 类的 say 方法。同时还要通过接口实现不同的方法，实现多继承。

【学习目标】

学会抽象类和接口的使用。

【知识要点】

抽象类和接口。

【操作步骤】

新建文件 personAbstract.php，代码如下：

```php
<?php
    abstract class Person
    {
        public $name;
        public $age;
        public $gender;
        public function _construct($name, $age, $gender)
        {
            $this->name = $name;
            $this->age = $age;
            $this->gender = $gender;
        }
        abstract function say();      // 声明一个没有方法体的抽象方法
    }
    interface cooker    { function cooking($a);     }
    interface driver    { function driving($c);     }
    class Chinese extends Person implements cooker, driver
    {
        function _construct($name, $age, $gender)
        {
            parent::_construct($name, $age, $gender);
        }
        public function say()
        {
            echo "你的名字是：{$this->name}, ";
            echo "你的年龄是：{$this->age}, ";
            echo "你的性别是：{$this->gender}。<br>";
        }
        public function cooking($a)
        { echo "你会做" . $a . "! <br>"; }
        public function driving($c)
        { echo "你会驾驶" . $c . "! <br>";}
    }
    class Americans extends Person implements cooker, driver
    {
        function _construct($name, $age, $gender)
        { parent::_construct($name, $age, $gender);    }
        public function say()
        {
```

```
        echo "Your name: {$this->name}, ";
        echo "Your age: {$this->age}, ";
        echo "Your gender: {$this->gender}。<br>";
    }
    public function cooking($a)
    {   echo "You can cook a " . $a . "! <br>"; }
    public function driving($c)
    {   echo "You can drive a " . $c . "! <br>"; }
}
$p1 = new Chinese("丽丽", 25, "女");
$p1->say();
$p1->cooking("饺子");
$p1->driving("小轿车");
echo "<hr>";
$p2 = new Americans('Mike', 30, 'Male');
$p2->say();
$p2->cooking("sandwich");
$p2->driving("car");
echo "<hr>";
?>
```

【预览效果】

运行效果如图 6-11 所示。

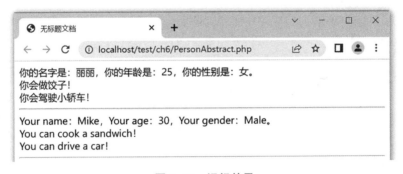

图 6-11　运行效果

单元实训

PHP 面向对象

【实训内容】

创建一个计算器类，用于实现加减乘除功能。

【实训目标】

（1）掌握 PHP 中面向对象编程的方法；

（2）掌握类和对象的创建及使用。

【知识要点】

（1）类和对象的创建及使用。

（2）构造函数。

【实训案例代码】

新建文件 classJSQ.php，程序代码如下：

```
<!doctype html>
<html>
<head>
    <meta charset="gb2312">
    <title>计算器</title>
</head>
<body>
    <form method="post">
        <input type="text" name="n1" size=10>
        <select name="op">
            <option>+</option>
            <option>-</option>
            <option>*</option>
            <option>/</option>
        </select>
        <input type="text" name="n2" size=10>
        <input type="submit" name="js" value="计算">
    </form>
    <?php
    class jsq
    {
        private  $n1;
        private  $n2;
        function  _construct($n1, $n2)              //构造函数
        {
            $this->n1 = $n1;
            $this->n2 = $n2;
        }
        function jia()
        {
            echo $this->n1 + $this->n2;
```

```php
    }
    function jian()
    {
        echo $this->n1 - $this->n2;
    }
    function cheng()
    {
        echo $this->n1 * $this->n2;
    }
    function chu()
    {
        if ($this->n2 == 0)
            echo "除数不能为零";
        else
            echo $this->n1/ $this->n2;
    }
}
if (isset($_POST["js"])) {
    $n1 = $_POST["n1"];
    $n2 = $_POST["n2"];
    $op = $_POST["op"];
    $d1 = new jsq($n1, $n2);            // 实例化对象
    switch ($op) {
        case "+":
            $d1->jia();
            break;
        case "-":
            $d1->jian();
            break;
        case "*":
            $d1->cheng();
            break;
        case "/":
            $d1->chu();
    }
}
?>
</body>
</html>
```

【预览效果】

运行效果如图 6-12 所示。

图 6-12　运行效果

习题

一、单项选择题

1. 如果成员没有声明限定字符属性的默认值是（　　）。

A.private　　　　　B.protected　　　　　C.public　　　　　D.final

2. PHP 中调用类文件中的 this 表示（　　）。

A. 用本类生成的对象变量　　　　　B. 本页面

C. 本方法　　　　　D. 本变量

3. 在 PHP 的面向对象中，类中定义的析构函数是在（　　）调用的。

A. 类创建时　　　B. 创建对象时　　　C. 删除对象时　　　D. 不自动调用

4. 在下列选项中，不属于面向对象三大特征的是（　　）。

A. 封装　　　　B. 多态　　　　C. 抽象　　　　D. 继承

5. 以下关于面向对象的说法错误的是（　　）。

A. 它是一种符合人类思维习惯的编程思想

B. 它把解决的问题按照一定规则划分为多个独立对象，通过调用对象的方法来解决问题

C. 面向对象的三大特征为封装、继承和多态

D. 它在代码维护上没有面向过程方便

二、填空题

1. 继承的关键字为_____，实现接口的关键字为_____。

2. _____是构造函数，_____是析构函数。

3. 如果不想让一个类被实例化，只能被继承，那么可以将该类声明为_____类。

4. 声明抽象类的关键字是_____。

单元 7
运用 PHP 操作 MySQL 数据库

学习目标

【知识目标】
1.了解 PHP 操作 MySQL 数据库的步骤。
2.掌握 PHP 操作 MySQL 的相关函数。
3.掌握 PHP 管理 MySQL 中数据的方法。
【能力目标】
1.能理解 PHP 操作 MySQL 数据库的步骤。
2.能熟练掌握运用 PHP 操作 MySQL 数据库的方法。
【素养目标】
1.培养脚踏实地的学习作风。
2.培养遵规守则的工作作风。
3.培养对职业的认同感、使命感。

知识要点

1.PHP 操作 MySQL 的步骤。
2.PHP 操作 MySQL 的库函数。

情景引入

动态网站中的数据都是存储在数据库中的，所以动态网站开发语言不可避免地要对数据库进行操作。前面我们学习了如何利用 MySQL 进行数据的存储和管理，但都只是在数据库管理系统中直接进行的。当我们在进行网站设计时，往往需要在网页中实现对数据库的相关处理，如登录信息的检验、从数据库中查询数据并显示在页面等操作，该如何实现呢？

PHP 支持对多种数据库的操作，并提供了相关的数据库连接函数和操作函数。其对 MySQL 数据库提供了更加强大的支持，可以非常方便地实现数据的访问和读取等操作。

任务 7.1　连接 MySQL 数据库

◎ 任务描述

要使用 PHP 操作 MySQL 数据库，需要首先了解 PHP 访问 MySQL 数据库的流程，并学会创建 PHP 到 MySQL 数据连接的方法。

◎ 知识准备

7.1.1　PHP 访问 MySQL 数据库的流程

现实生活中，我们做很多事情都是要按一定的流程进行的。比如当我们因病或有事无法按时上课时，要按规定履行一定的请假手续；当我们要去长辈或友人家中拜访，要提前打好招呼，不要做不受欢迎的不速之客。当我们在单位完成某项工作时，更是要按工作章程和单位规定，按部就班、遵规守则地去完成。

PHP 访问 MySQL，也是要按一定的流程来处理。首先必须让 PHP 程序先能连接 MySQL 数据库服务器，再选择一个数据库作为默认操作的数据库，然后才能向 MySQL 数据库管理系统发送 SQL 语句，其基本流程如图 7-1 所示。

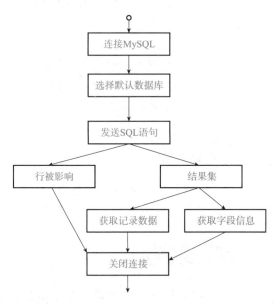

图 7-1　PHP 操作 MySQL 的基本流程

如果发送的是类似 INSERT、UPDATE 或 DELETE 等操作语句，MySQL 执行完成并对数据表的记录有所影响，说明执行成功。如果发送的是类似 SELECT 这样的 SQL 语句，会返回结果集，还需要对结果集进行处理。处理结果集又包括获取记录数据和获取字段信息两种操作，多数情况下只为获取记录数据。

7.1.2　连接 MySQL 服务器

操作 MySQL 数据库，首先必须与数据库服务器建立连接。PHP 7 开始彻底废弃了对原生 MySQLAPI 函数库的支持，转而提供增强版的扩展函数库——Mysqli，用它来操作 MySQL 数据库的速度、性能要比以前快数倍。PHP 在安装时已经默认开启了这个扩展库，只要调用扩展库公开了的函数接口就可以实现与 MySQL 服务器的连接。

1. 建立连接

在 Mysqli 库中，用于连接 MySQL 服务器的函数是 mysqli_connect() 函数，语法格式如下：

```
resource mysqli_connect([string $host ,,string $username , string
$password,string dbname,
int port,string socket)
```

说明：该函数中包括 6 个参数，这些参数的含义见表 7-1。

表 7-1　mysqli_connect 函数参数说明

参数	含义
host	可选。为主机名或地址
username	可选。规定 MySQL 用户名
password	可选。规定 MySQL 密码
dbname	可选。规定默认使用的数据库
port	可选。规定尝试连接到 MySQL 服务器的端口号
socket	可选。规定 socket 或要使用的已命名 pipe

该函数的返回值用于表示该数据库连接。如果连接成功，则返回一个资源，为以后执行 SQL 指令做准备。

通过 mysqli_connect_error() 函数获取数据库连接失败的原因，其语法格式为

```
mysqli_connect_error();
```

mysqli_connect_error() 函数无参数，若数据库连接失败，该函数将会返回连接错误的错误描述。

【例 7-1】测试能否连接 MySQL 数据库。

新建 EX7_1.php 文件，输入以下代码：

```php
<?php
$conn=mysqli_connect('localhost','root','123456','xsgl');
if($conn)
    echo "连接成功";
else
    echo "连接失败".mysqli_connect_error();
?>
```

运行该文件，并查看提示信息，如果输出"连接成功"，表示 PHP 能够正确连接 MySQL。如果提示"连接失败"，则应确认服务器名、用户名和密码是否正确。

2. 选择数据库

连接到服务器后，也可以使用 mysqli_select_db() 函数选择需要使用的数据库，语法格式如下：

```
bool  mysqli_select_db(resource $ link_identifier , string $database_
name)
```

说明：参数 $lin_identifier 为一个连接标志符，使用之前打开的连接。$database_name 参数为要选择的数据库名。本函数运行成功返回 TRUE，否则返回 FALSE。例如：

```php
<?php
$link=mysqli_connect ('localhost', 'root', '123456')
if(mysqli_select_db($link,'xsgl'))
    echo '选择数据库成功';
?>
```

3. 关闭连接

当一个已经打开的连接不再需要时，可以使用 mysqli_close() 函数将其关闭，语法格式如下：

```
bool mysqli_close( resource $link_identifier )
```

说明：参数 $link_identifier 为指定的连接标志符。

PHP 中与数据库的连接是非持久连接，一般不需要设置关闭，系统会自动回收。如果一次性返回的结果集比较大，或者网站访问量比较多，那么最好用 mysqli_close() 函数关闭连接。

任务实现

PHP 连接 MySQL 服务器

【任务内容】

为实现对图书数据库 books 的操作，创建连接并选择 books 数据库作为操作对象。

【学习目标】

学会创建 PHP 与 MySQL 服务器的连接。

【知识要点】

连接函数的使用。

【操作步骤】

在网站设计中，为方便修改和维护，常常将数据库的连接设置单独放在一个连接文件中。为此，新建文件 connBooks.php，程序代码如下：

```php
<?php
$host="localhost";
$username="root";
$password="123456";
$dbname="books";
$link=mysqli_connect($host,$username,$password,$dbname) or
die(' 数据连接失败 '.mysqli_connect_error());
mysqli_set_charset($link,'gb2312');     //设置字符集
?>
```

其中，mysqli_set_charset() 函数用于进行字符集设置。die() 函数用于在操作失败时给出提示信息。

【预览效果】

如果连接成功无任何提示，如若失败，例如，将数据库名字修改为 xs（MySQL中无此数据库），则会显示如图 7-2 所示错误提示。

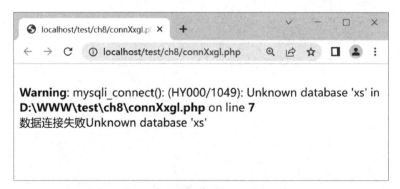

图 7-2　连接错误提示

任务 7.2　操作 MySQL 数据库

任务描述

在实现了与 MySQL 的连接后，我们希望能对所连接的数据库的数据进行相关操作。例如，我们希望将 books 数据库的 bookinfo 表中的数据显示在网页上，并能通过网页操作实现对 bookinfo 表信息的添加与显示等操作。

PHP 操作 MySQL
函数

知识准备

7.2.1　执行 SQL 语句

在完成数据库连接设置后，我们就可以执行 SQL 语句进行数据库操作了。

在 PHP 的 MySQLi 扩展库中，提供了 mysqli_query() 函数可用于执行 MySQL 的 SQL 语句，语法格式如下：

```
resource mysqli_query ( resource $link_identifier, string $query)
```

说明：$link_identifier 参数指定一个已经打开的连接标志符，$query 参数为要执行的 SQL 语句，语句后面不需要加分号。如果没有指定则默认为上一个打开的连接。本函数执行成功后将返回一个资源变量来存储 SQL 语句的执行结果。在执行 SQL 语句前，需要打开一个连接并选择相关的数据库。例如：

```php
<?php
$conn= mysqli_connect('localhost','root','123456') or  die('连接失败');
mysqli_select_db($conn,"xsgl") or  die('选择数据库失败');
$sql="select * from xsxx";
$result=mysqli_query($link,$sql);
if($result)
    echo "SQL 语句执行成功！";
else
    echo "SQL 语句执行失败！";
?>
```

执行上述代码，若 mysqli_quer() 函数执行成功，其返回将是一个查询到的结果集对象；若执行失败，将返回 FALSE，输出相应错误提示。

除了 SELECT 语句，mysqli_query() 函数还可以执行其他各种 SQL 语句。

【例 7-2】下面的代码执行了一条 INSERT 语句：

```php
<?php
$conn= mysqli_connect('localhost','root','123456') or die('连接失败');
mysqli_select_db($conn,''xsxx'') or die('选择数据库失败');
$sql="insert into xsxx values('310001', '李丽', '女', '2000/6/5', 400)";
$result=mysqli_query($conn,$sql)
 if($result)
    echo '插入成功';
else
    echo '数据插入失败';
?>
```

执行上面代码，若 mysqli_quer() 函数执行成功，其返回 TRUE，会输出"插入成功"；若执行失败，将返回 FALSE，输出相应错误提示。此时，可以打开 MySQL 客户端，通过 select 语句查看 xsxx 表中的数据，应能看到"李丽"的信息已被插入 xsxx 表。

从上面的案例中，可以看到，在进行 MySQL 操作中，需要书写出正确的 MySQL 命令，这就需要对 MySQL 数据库的知识必须要有很好地掌握。对于知识的学习，必须要脚踏实地，稳扎稳打，注重积累，这样才能达成更大的目标。

7.2.2 处理结果集

在使用 mysqli_query() 函数进行 SELECT、SHOW、DESC 操作后，若执行成功，则会返回一个 mysqli_result 对象，保存结果集。为对结果集中的数据进行处理，MySQLi 扩展库提供了相关函数。

1. mysql_fetch_row() 函数

使用 mysql_fetch_row() 函数可以从返回的结果集中逐行获取记录，语法格式如下：

```
array mysql_fetch_row(resource $result)
```

参数 result 定义由 mysqli_query() 返回的结果集标识符。该函数返回一个与所取得行相对应的字符串数组，每个结果的列存储在这个数组的一个数组元素中，键名自 0 开始，依次调用 mysqli_fetch_row() 函数逐行返回查询结果集中的记录。如果没有更多行则返回 FALSE。

【例 7-3】

```php
<?php
$conn=mysqli_connect('localhost','root','123456') or die('连接失败');
mysqli_select_db($conn,'xsgl') or die('选择数据库失败');
$sql="select * from xsxx where xh= '210001'";
$result=mysqli_query($conn,$sql);
```

```
if($row=mysqli_fetch_row($result))
{
    echo "学号:".$row[0]."<br>";
    echo "姓名:".$row[1]."<br>";
    echo "性别:".$row[2]."<br>";
    echo "出生日期:".$row[3]."<br>";
    echo "入学总分:".$row[4]."<br>";
}
else
    echo "查无此人";
?>
```

运行结果如图 7-3 所示。

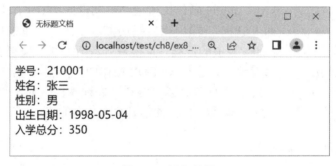

图 7-3　运行结果

上述代码是从 xsxx 数据表中查询 xh 为"210001"的记录,若有此人,将查询到的学生信息保存在 Sresult 结果集,使用 mysqli_fetch_rowO 函数获取结果集中的一行数据并以索引数组的形式保存、进行展示。从代码中可以看出,与关联数组相比,索引数组对数据库中字段的名称没有要求,按照数据在数据库中所占的列数获取数据,但不能从代码中直接看出当前数据对应数据库的哪个字段。

2. mysql_fetch_assoc() 函数

mysql_fetch_assoc() 函数的作用也是获取结果集中的一行记录并保存到数组中,数组的键名为相应的字段名。语法格式如下:

```
array mysql_fetch_assoc(resource $result)
```

参数 result 定义由 mysqli_query() 返回的结果集标识符。该函数也返回一个与所取得行相对应的字符串数组,每个结果的列存储在这个数组的一个数组元素中,键名为数据表中的字段名。

【例 7-4】

```
<?php
$conn= mysqli_connect('localhost','root','123456','xsgl');
```

```
$sql="select xh,xm,rxzf from xsxx";
$result=mysqli_query($conn,$sql);
echo "<table border=1>";
echo "<tr><td>学号</td><td>姓名</td><td>入学总分</td></tr>";
while($row=mysqli_fetch_assoc($result))
{
echo "<tr><td>".$row['xh']."</td>";
echo "<td>".$row['xm']."</td>";
echo "<td>".$row['rxzf']."</td></tr>";
}
?>
```

运行结果如图 7-4 所示。

图 7-4　运行结果

例 7-4 通过循环依次获取了结果集中的数据并进行了输出显示。

3. mysql_fetch_array() 函数

用 mysqli_fetch_array() 函数以关联数组、数字数组或同时以两种形式获取结果集中的一行数据。语法格式如下：

```
array mysql_fetch_array(resource $result [, int $ result_type ])
```

可选的 $result_type 参数是一个常量，可以是以下值：

（1）MYSQL_BOTH：将得到一个同时包含数字和字段名作为键名的数组。默认值为 MYSQL_BOTH。

（2）MYSQL_ASSOC：将得到字段名作为键名的数组（功能与 mysql_fetch_assoc() 函数相同）。

（3）MYSQL_NUM：将得到数字作为键名的数组（功能与 mysql_fetch_row() 函数相同）。

例如：

```
<?php
```

```
$conn= mysqli_connect('localhost','root','123456');
mysqli_select_db($conn,'xsgl');
$sql="select * from xsxx where xh='210002'";
$result=mysqli_query($conn,$sql);
$row=mysqli_fetch_array($result);
print_r($row);
?>
```

运行结果如图 7-5 所示。

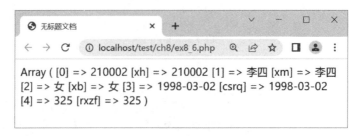

图 7-5　运行结果

4. mysql_fetch_object() 函数

使用 mysql_fetch_object() 函数将从结果集中取出一行数据并保存为对象，使用字段名即可访问对象的属性。语法格式如下：

```
object mysql_fetch_object(resource $result)
```

mysqli_fetch_object() 函数有三个参数，其中，result 为必需参数，其值多为 mysqli_query() 返回的结果集；classname 为可选参数，该参数为实例化的类名称；params 为可选参数，该参数为一个传给 classname 对象构造器的参数数组。该函数将结果集中的一行以对象的形式返回。

【例 7-5】

```
<?php
$conn= mysqli_connect('localhost','root','123456','xsgl');
$sql="select xh,xm,csrq from xsxx";
$result=mysqli_query($conn,$sql);
echo "<table border=1>";
echo "<tr><td> 学号 </td><td> 姓名 </td><td> 出生日期 </td></tr>";
while($obj=mysqli_fetch_object($result))
{
echo "<tr><td>".$obj->xh."</td>"; echo "<td>".$obj->xm."</td>";
echo "<td>".$obj->csrq."</td></tr>";     }
?>
```

运行结果如图 7-6 所示。

图 7-6　运行结果

7.2.3　其他 MySQL 函数

1. mysqli_num_rows() 函数

此函数用于获取结果集中行的数目，语法格式如下：

```
int mysqli_num_rows(resource $result)
```

2. mysqli_num_fileds() 函数

此函数用于获取结果集中字段的数目，语法格式如下：

```
int mysqli_num_fields(resource $result)
```

3. mysqli_affected_rows() 函数

此函数用于获取 MySQL 最后执行的 INSERT、UPDATE 或 DELETE 语句所影响的行数，语法格式如下：

```
int mysqli_affected_rows([ resource $link_identifier ])
```

$link_identifier 参数为已经建立的数据库连接标志符。本函数执行成功则返回受影响的行的数目，否则将返回 –1。本函数只对改变 MySQL 数据库中记录的操作起作用，对于 SELECT 语句本函数将不会得到预期的行数。

任务实现

PHP 操作 MySQL 数据库

【任务内容】

实现对 books 数据库中 bookinfo 数据表中图书按给定书名进行

PHP 操作 MySQL
函数（操作演示）

查询并显示。

【学习目标】

掌握 PHP 操作 MySQL 数据库的方法。

【知识要点】

PHP 中 MySQLi 库函数。

【操作步骤】

新建文件 selectBookinfo.php，程序代码如下：

```
<!doctype html>
<html>
<head>
    <meta charset="gb2312">
    <title>图书查询</title>
</head>
<body>
    <form method="post">
        输入图书名：<input type="text" name="bname">
        <input type="submit" name="cx" value="查询">
    </form>
    <?php
    include("connBooks.php");      //包含上一节所建的连接文件，连接变量为
                                    $link
    if (isset($_POST["cx"])) {
        $na = $_POST["bname"];
        $sql = "select * from bookinfo where bookName like '%" .
$na . "%'";                          //模糊查询
        $result = mysqli_query($link, $sql);
        echo "<br>";
        echo "<table border=1>";
        echo "<tr><td>书号</td><td>书名</td><td>作者</td><td>出
版社</td></tr>";
        while ($row = mysqli_fetch_assoc($result)) {
            echo "<tr><td>" . $row['bookNo'] . "</td>";
            echo "<td>" . $row['bookName'] . "</td>";
            echo "<td>" . $row['auther'] . "</td>";
            echo "<td>" . $row['publisher'] . "</td></tr>";
        }
        echo "</table>";
    }
    ?>
```

```
</body>
</html>
```

【预览效果】

运行程序，在输入框中输入要查询的图书名关键字，如"中华"，将显示相应的查询结果，如图 7-7 所示。

图 7-7　运行结果

单元实训

使用 PHP 操作学生信息表

【实训内容】

在 PHP 页面上实现对学生信息表 Xsxx 中信息的添加、显示、删除操作。

【实训目标】

(1) 能够使用 PHP 中的 MySQLi 库函数实现对数据表数据的操作。

(2) 提升岗位认知。

【知识要点】

(1) 数据的添加与删除。

(2) 记录集的处理。

【实训案例代码】

新建 addXsxx.php 文件，输入以下代码：

```
<!doctype html>
<html>
<head>
    <meta charset="gb2312">
    <title>学生信息管理</title>
</head>
<body>
    <form method="post">
```

```
        <table  border=1 cellspacing="0" width=300 align="center">
        <caption> 添加新记录 </caption>
        <tr>
            <td align="right"> 学号 : </td>
            <td><input type="text" name="xh"></td>
        </tr>
        <tr>
            <td align="right"> 姓名 : </td>
            <td><input type="text" name="xm"></td>
        </tr>
        <tr>
            <td align="right"> 性别 : </td>
            <td><input type="text" name="xb"></td>
        </tr>
        <tr>
            <td align="right"> 出生日期 : </td>
            <td><input type="text" name="csrq"><br></td>
        </tr>
        <tr>
            <td align="right"> 入学总分 : </td>
            <td><input type="text" name="rxzf"></td>
        </tr>
        <tr>
    <td colspan="2" align="center"><input type="submit" name="add" value=" 添加 "></td>
        </tr>
    </table>
    <br>
</form>
<?php
$conn = mysqli_connect('localhost', 'root', '123456', 'xsgl');
$sql = "select * from xsxx";
$result = mysqli_query($conn, $sql);
if ($result) {
    echo "<table border=1 align='center' width=500>";
    echo "<tr><th> 学号 </th><th> 姓名 </th><th> 性别 </th><th> 出
生日期 </th><th> 入学总分 </th><th> 操作 </th></tr>";
    while ($row = mysqli_fetch_assoc($result)) {
        echo "<tr><td>" . $row['xh'] . "</td>";
```

```
            echo "<td>" . $row['xm'] . "</td>";
            echo "<td>" . $row['xb'] . "</td>";
            echo "<td>" . $row['csrq'] . "</td>";
            echo "<td>" . $row['rxzf'] . "</td>";
            echo "<td><a href='delXsxx.php?xh=".$row['xh']."'>删
除</a></td></tr>";                    //创建删除链接，跳转至 delXsxx.php
                                        文件实现删除

        }
    } else
        echo "<script>alert('暂无信息！');</script>";
    if (isset($_POST["add"])) {     //单击"添加"按钮
        $xh = $_POST["xh"];
        $xm = $_POST["xm"];
        $xb = $_POST["xb"];
        $csrq = $_POST["csrq"];
        $rxzf = $_POST["rxzf"];
        $sql="insert into xsxx values('$xh','$xm','$xb','$csrq',
'$rxzf')";
        $res=mysqli_query($conn,$sql);
        if($res)
            echo '插入成功！';
        else
            echo '数据插入失败';
    header("location:addXsxx.php");
    }
    ?>
</body>
</html>
```

新建文件 delXsxx.php，用于实现对学生信息的删除，代码如下：

```
<?php
header("Content-type:text/html;charset=gb2312");
$conn=mysqli_connect('localhost','root','123456','xsgl');
$xh=$_GET["xh"];
$sql="delete from xsxx where xh='$xh'";
$res=mysqli_query($conn,$sql);
if($res)
    echo "<script>alert('删除成功');location.href='addXsxx.php';
</script>";
```

```
else
  echo "<script>alert(' 删除失败 ');location.href='addXsxx.php';
</script>";
?>
```

运行 addXsxx.php，效果如图 7-8 所示。

图 7-8　运行效果

上面的运行界面中，输入学生信息，单击"添加"按钮则可实现信息的添加。单击某条记录后面的"删除"超链接，则可将该条信息从数据表中删除，并跳回至 addXsxx.php 页面重新显示，如图 7-9 所示。

图 7-9　删除学生信息

习题

单项选择题

1. 下面（　　）函数使用 PHP 连接 MySQL 数据库。

A. mysqli_connect()　　　　　　　　B. mysqli_query()

C. mysqli_close()　　　　　　　　　　D. 以上都不对

2. 取得搜索语句的结果集中的记录总数的函数是（　　）。

A. mysqli_fetch_row()　　　　　　　B. mysqli_rowid()

C. mysqli_num_rows()　　　　　　　D. mysqli_fetch_array()

3. 执行 MySQL 语句的函数是（　　）。

A. mysqli_connect　　　　　　　　　B. mysqli_fetch_row

C. mysqli_query　　　　　　　　　　D. mysqli_select_db

4. 用户获取结果集中字段数目的函数是（　　）。

A. mysqli_fetch_row()　　　　　　　B. mysqli_rowid()

C. mysqli_num_fileds()　　　　　　　D. mysqli_field_name()

5. 使 MySQL 扩展连接 MySQL 数据库的正确语法是（　　）。

A. mysqli_connect($username,$password)

B. connect_mysql($username,$password)

C. mysqli_connect("localhost",$username,$password)

D. 以上都对

单元 8
综合项目实战——
教务公告管理系统

学习目标

【知识目标】

1. 熟悉项目的需求分析。
2. 掌握项目的数据库设计。
3. 熟练应用 PHP 基本语法。
4. 掌握会话技术在项目开发中的使用。
5. 掌握 PHP+MySQL 技术在网站中的综合应用。

【能力目标】

1. 掌握运用 PHP 语言基础解决实际问题。
2. 掌握 MySQL 数据库的应用。
3. 掌握综合应用项目的开发过程。

【素养目标】

1. 通过编写程序培养耐心、细致、有条理的工作作风。
2. 通过调试程序培养面对问题时自信、沉着、冷静的心理素质。
3. 培养在解决比较复杂的问题时，把握全局、统筹规划的能力。
4. 培养相互协作的能力与团队精神。
5. 初步建立计算思维（程序化思维）。

知识要点

1. 公告系统功能结构。
2. 数据库设计。
3. 功能设计。

经过了近一个学期的学习，小王基本掌握了 PHP 的基础知识。为了检验所学和提升综合应用能力，小王决定设计一个综合项目进行提升和检验。在很多单位中，经常需要向员工发送一些通知公告，发送通知公告一般是通过邮箱或者 QQ 群、微信群进行通知，这样的方式十分不利于通知公告信息的收集汇总。员工每天会收到很多的邮件和 QQ 消息、微信消息，要从那么多信息中去筛选汇总，非常费时费力，时间久了难度更大。对于管理者来讲，传统的通知公告一般是根据时间的先后顺序进行发布，不存在分类管理的说法，没有条理性，这样在后期统计和查询上十分不方便。

鉴于上述需求，小王拟以学校中的教务公告系统为例进行网站开发。

任务 8.1　需求分析

随着信息技术的不断发展，教务公告管理系统可代替传统的张贴公告或 QQ 群公告等形式，可以帮助用户更有效地查看公告和帮助公告管理员管理公告信息。通过调查和分析，为满足用户对于公告管理系统的基本需求，本项目需具有以下功能：

（1）配置一个本地站点 notice 用于测试和运行项目；

（2）通过 MySQL 数据库保存管理员账号信息和公告信息；

（3）提供管理员登录功能；

（4）为了避免恶意登录，提供验证码保护功能；

（5）提供普通用户浏览公告、查看公告详情功能；

（6）提供管理员添加、修改、删除公告信息三个主要功能。

在本单元的项目开发中，我们将综合应用前面所学的 PHP 的基础知识和前导课程所学的 HTML、CSS 等知识。正是有了前面知识的积累，我们才可以完成一个功能较为完善的项目。在现实生活中，我们无论做事情还是学习，也都要注重点滴的积累，从小处做起，脚踏实地，一步一步地来，路程再远、目标再难，只要坚持不懈就终能到达与实现。

任务 8.2　案例展示

本系统主要为管理教务公告信息而设计开发，主要功能有发布、修改、删除教务公告信息，分为前台界面和后台管理界面。前台界面主要功能为按照类别浏览教务公告，后台界面主要功能为教务管理员使用，可以将教务公告按照类别进行编辑并发布，对于发布之后的教务公告也可以进行修改或者删除。图 8-1 ～图 8-7 是本项目的运行效果。

图 8-1 公告系统主页面

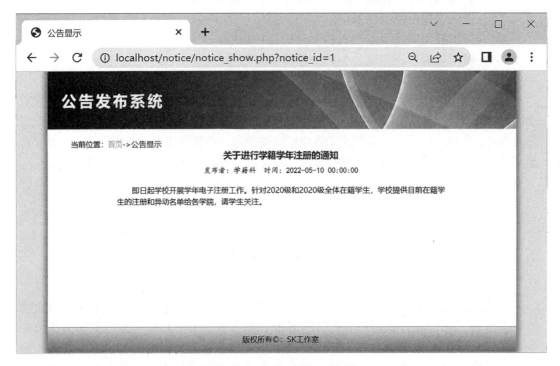

图 8-2 公告信息详情页

图 8-3　管理员登录页

图 8-4　公告管理主页面

图 8-5　添加新公告

图 8-6　修改公告信息

图 8-7 删除公告

从上面的案例展示，我们可以看到，一个完整网站功能的实现常常需要多网页协同工作。如同一个完成某项目工作的集体，只有集体中每个人的能力发挥好了，整个项目结果才能呈现得更完美。对于每个页面的设计，必须有尽心竭力、千锤百炼和兢兢业业的科学精神，还要有持之以恒追求卓越的工匠精神。

任务 8.3 网站规划

8.3.1 网站结构

公告系统的网站结构如图 8-8 所示，主要包括浏览者页面与管理员页面两部分，网站的主页面是 notice.php。

8.3.2 页面设计

公告发布系统的页面包括添加公告、修改公告、删除公告以及浏览公告七个页面，见表 8-1。浏览者只有浏览及查看公告的权限，而系统管理员则有添加、修改、删除公告信息等权限。

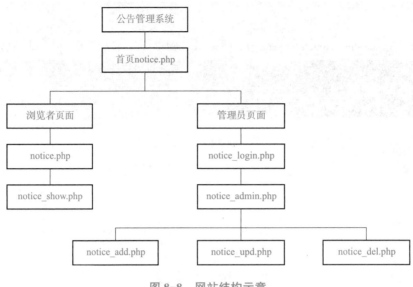

图 8-8　网站结构示意

表 8-1　公告系统的页面文件

文件名称	功能说明
notice.php	公告发布系统主页面
notice_show.php	公告发布详细内容页面
notice_login.php	系统管理员登录页面
notice_admin.php	系统管理员管理主页面
notice_add.php	添加公告页面
notice_upd.php	修改公告页面
notice_del.php	删除公告页面

任务 8.4　数据库设计

本项目拟创建的数据库名称为 notice，在该数据库中将创建两张数据表，分别为 admins 表和 noticedata 表，分别用来存储管理员账号信息和公告信息。

8.4.1　创建数据库

在 MYSQL 中创建数据库 notice，可采用命令行创建或在 phpMyAdmin 中创建。

命令行创建命令为 create database notice charset gb2312。

8.4.2　创建数据表

在已创建好的 notice 数据库创建如下两张数据表。

（1）创建用户表 admins。这个表用来存储管理员的账号和密码，表结构如图 8-9 所示。

```
mysql> desc admins;
+----------+-------------+------+-----+---------+-------+
| Field    | Type        | Null | Key | Default | Extra |
+----------+-------------+------+-----+---------+-------+
| username | varchar(20) | NO   | PRI | NULL    |       |
| password | varchar(20) | NO   |     | NULL    |       |
+----------+-------------+------+-----+---------+-------+
```

图 8-9　用户表 admins 结构

（2）创建公告信息表 noticedata。这个表用来存储公告的信息，所有字段的命名都以 "notice_" 为前缀。本表的主键是 notice_id（公告编号），并设置为自动增长 auto_increment，表的结构如图 8-10 所示。

```
mysql> desc noticedata;
+----------------+--------------+------+-----+---------+----------------+
| Field          | Type         | Null | Key | Default | Extra          |
+----------------+--------------+------+-----+---------+----------------+
| notice_id      | int(11)      | NO   | PRI | NULL    | auto_increment |
| notice_date    | datetime     | YES  |     | NULL    |                |
| notice_type    | varchar(20)  | NO   |     | NULL    |                |
| notice_title   | varchar(100) | NO   |     | NULL    |                |
| notice_editor  | varchar(100) | NO   |     | NULL    |                |
| notice_content | text         | NO   |     | NULL    |                |
+----------------+--------------+------+-----+---------+----------------+
```

图 8-10　公告信息表 noticedata 结构

notice 表中各字段名称及含义见表 8-2。

表 8-2　notice 表字段及含义

字段名	含义
notice_id	公告编号（自增）
notice_date	公告发布日期
notice_type	公告类别
notice_title	公告标题
notice_editor	公告编辑者
notice_content	公告内容

任务 8.5　定义网站与设置数据库连接

8.5.1　定义站点

接下来要在 Dreamweaver 中创建一个 PHP 站点，在 phpStudy 主目录下创建站点文件夹，取名为 notice。站点设置见表 8-3。

表 8-3　定义站点

参数	设置值
站点名称	PHP 公告系统
本地文件夹	D:\phpStudy\PHPTutorial\WWW\notice
服务器文件夹	D:\phpStudy\PHPTutorial\WWW\notice
网站测试地址	http://localhost/notice

8.5.2　设置数据库连接

完成了网站的定义后，需要设置网站与数据库的连接，才能在此基础上制作出动态页面，为此在站点中创建连接文件 conn.php，代码如下：

```php
<?php
$conn=mysqli_connect("localhost","root","123456") or die(' 连接失败 ');
mysqli_select_db($conn,'notice') or die (' 数据库选择失败 ');
mysqli_query($conn,"set names gb2312"); //设置字符集为简体中文编码
?>
```

任务 8.6　网站整体布局设计

8.6.1　页面布局

网站页面拟采用 DIV+CSS 单列布局，大部分页面将主要由顶部 top、内容部分

content 和底部 bottom 构成，为此设计各页面主体结构代码如下：

```html
<!doctype html>
<html>
<head>
<meta charset="gb2312">
<title> 公告显示 </title>
<link href="style.css" type="text/css" rel="stylesheet">
</head>
<body>
<div id="d0">                          <!-- 版心 -->
<div id="top">                        <!-- 顶部 -->
    <div id="topleft"><h1>公告发布系统 </h1></div>
                                      <!--LOGO 部分 -->
    <div id="topright"></div>         <!-- 右部链接 -->
</div>
<div id="content">                    <!-- 内容部分 -->
</div>
<?php include_once("footer.php");?>   <!-- 引入底部设置 -->
</div>
</body>
</html>
```

footer.php 用于定义页脚内容，为方便修改，单独设计，其代码如下：

```html
<div id="bottom"> 版权所有 &copy;：SK 工作室 </div>
```

8.6.2　页面样式设计

为方便设置和整个站点风格的统一，主要应用外部样式表文件来进行统一的样式设置。创建网站外部样式表文件 style.css，代码如下：

```css
/* 初始化设置 */
*{margin: 0;padding: 0;}
body{background-color: #eee;}
a{text-decoration:none;}
/* 版心设置 */
#d0{width: 1000px;
    margin: 0 auto;
    box-shadow:0 0 10px 5px #aaa;
}
/* 顶部 */
```

```css
#top {
    height: 120px;
    background:url(image/bj.jpg);
    overflow: hidden;
}
/* 顶部左侧 LOGO*/
#topleft {
    color:#fff;
    line-height: 120px;
    padding-left: 30px;
    letter-spacing:5px;
}
/* 页面主体内容部分 */
#content {
    height: 420px;
    background: #fff;
    padding:10px;
    overflow:hidden;
}
/* 管理类页面左侧布局 */
.left{
    width:160px;
    float:left;
    padding-top:20px;
    height:180px;
    margin:10px;
    margin-top:20px;
    border:1px solid #ddd;
    border-radius:10px;
}
/* 左侧菜单 */
.menu{padding-left:20px;list-style-position:inside;}
.menu li{
    width:100px;
    padding-left:10px;
    height:35px;
    line-height:35px;
    border-bottom:1px solid #ccc;
}
.menu a{color:#666;}
```

```css
.menu a:hover{ color:#F99;}
.menu .cur{background:#C1EFFB;}
/* 管理类页面右侧 */
.right{    width:700px;float:left;}
/* 显示表格 */
table{margin:0 auto;}
th{height:35px;color: #075991;}
td{height:35px; padding-left:10px;}
#t_caption{ font-size:18px;padding-bottom:10px;}
#t_edit td:first-child{text-align:right;}    /* 编辑类表格左列设置 */
.notice_type {color: #F63;font-weight: bold;}  /* 公告类别突出设置 */
.notice_content{padding-top:5px;}              /* 公告内容布局设置 */
/* 分页导航设置 */
#page{text-align: center;margin:20px auto;}
#page a {
    display: inline-block;
    padding:0 10px;
    text-decoration: underline;
}
#page a:hover { color: red;}
/* 按钮设置 */
.p_button{margin:20px auto;}
.btn{
    display:inline-block;
    width:75px;
    height:35px;
    margin:0 10px;
    border-radius:10px;
    color:#fff;
    border:none;
    background:linear-gradient(#D2ECFD,#0E87D8,#D2ECFD);
/* 线性渐变 */
}
.btn:hover{border:2px solid #999;}
/* 页面底部设置 */
#bottom {
    height: 50px;
    line-height: 50px;
    text-align: center;
    background:linear-gradient(#eef,#aaa);
```

```
        border-top:1px solid #999;
}
```

任务 8.7　前台公告浏览者页面设计

公告浏览者页面包含了浏览公告页面和查看公告详情页面。

8.7.1　公告浏览页面

公告浏览页面用于显示网站所有公告的标题、日期、编辑者，一般用户可以选择要阅读的公告标题链接到查看公告详情页面，管理员可以选择"公告管理"的链接进入管理员登录页面。

创建公告浏览页面 notice.php，代码如下：

```
<!doctype html>
<html>
<head>
    <meta charset="gb2312">
    <title>公告发布系统</title>
    <link href="style.css" type="text/css" rel="stylesheet">
    <style>
        #topleft {float: left;}
        #topright {
            width: 200px;
            float: right;
            font-size: 18px;
            text-align: right;
            padding-top: 80px;
            padding-right: 30px;
        }
        #topright a {color: #333;}
        #topright a:hover {color: #96C;}
        #t1 td {border-bottom: 1px dashed #aaa;}
        #c_head {      /* 设置"最新公告"的显示样式
            font-size: 18px;
            color: #075991;
            width: 750px;
```

```
            margin: 0 auto;
            line-height: 40px;
            border-bottom: 1px solid #666;
        }
        .td_title a {     /* 公告标题超链接的样式 */
            padding: 5px;
            text-decoration: none;
            color: #333;
        }
        .td_title a:hover {
            color: blue;
            text-decoration: underline;
        }
        .notice_date,.notice_editor {font-family: " 楷体 ";}
/* 公告日期和公告编辑者的显示样式 */
    </style>
</head>
<body>
    <div id="d0">
        <div id="top">
            <div id="topleft"><h1> 公告发布系统 </h1></div>
            <div id="topright"><a href="notice_admin.php">
公告管理 </a></div>
        </div>
        <div id="content">
            <p id="c_head">[ 最新公告 ]</p>
            <table id="t1" width="780">
                <?php
                include "conn.php";
                $sql1 = "select count(*) from noticedata";
                $pagesize = 5;       // 每页显示记录数
                $res1= mysqli_query($conn, $sql1);
                $row1 = mysqli_fetch_row($res1);
                $pagetotal = ceil($row1[0]/$pagesize);
                                        // 计算总页数，向上取整
                $pageid = isset($_GET["pageid"]) ? $_GET
["pageid"] : 1;                         // 获取当前页码
                $sql= "select * from noticedata order by notice_
date desc limit " . ($pageid - 1) * $pagesize . "," . $pagesize;
```

```php
                                        // 按发布日期降序分页显示
                $res = mysqli_query($conn, $sql);
                while ($row = mysqli_fetch_assoc($res)) {
                        $id = $row["notice_id"];
                        $title = $row["notice_title"];
                        $type = $row["notice_type"];
                        $date = date("Y/m/d",strtotime($row
["notice_date"]));
                        $editor = $row["notice_editor"];
                        echo "<tr><td  class='td_title'><span
class='notice_type'>[$type]</span>
<a href='notice_show.php?notice_id=$id'>$title</a></td>";
                                        // 链接至公告详情页
                        echo "<td width='90'  class='notice_
date'>$date</td>";

                        echo "<td width='150'  class='notice_
editor'> 来自 :$editor</td></tr>";
                }
                echo "</table>";
                /* 分页显示的链接 */
                if ($pagetotal > 1) {
                        echo "<p id='page'><a  href='notice.
php'>首页 </a> ";
                        echo "<a href='notice.php?pageid=" .
($pageid - 1) . "'>上一页 </a>";
                        if ($pageid < $pagetotal) {
                                echo "<a href='notice.php?pageid=
" . ($pageid + 1) . "'>下一页 </a>";
                        }
                        echo "<a href='notice.php?pageid=" .
$pagetotal . "'>尾页 </a></p>";
                }
                ?>
                </td>
                </tr>
        </table>
    </div>
    <?php include_once("footer.php"); ?>
  </div>
```

```
</body>
</html>
```

在上述代码中，首先通过 select 语句查询 noticedata 表中总记录数，用于计算总页数及实现分页控制。其次 select 语句用于实现按公告日期降序显示公告信息，使得最新公告显示在最前面。

当公告信息过多时，一次显示所有公告信息会导致页面打开速度过慢，因此采用分页查询的方法可以很好地保证网页显示速度。在上述代码中，设置了每页显示信息的数量为 5，通过 GET 参数来传递当前页码，公告标题处设计为超链接，当单击某条公告的标题时，要链接至公告详情页进行详细内容的显示。为实现对应公告的显示，在链接地址中需携带该条公告的 notice_id 值作为参数。

8.7.2　公告详情页面

查看公告详情页面为 notice_show.php。该页面是用来显示浏览者单击公告标题后显示出相关的详细内容。设计的重点是如何接收公告浏览页面 notice.php 所传递的参数，并根据这个参数显示数据库中的数据。

创建公告详情显示页面 notice_show.php，代码如下：

```
<!doctype html>
<html>
<head>
    <meta charset="gb2312">
    <title> 公告显示 </title>
    <link href="style.css" type="text/css" rel="stylesheet">
    <style>
        /* 显示当前位置 */
        #content_head {
            width: 900px;
            margin: 0 auto;
            padding-top: 10px;
        }
        #content_head a {
            color: #40D3F2;
        }
        h3 {color: #333;}          /* 公告标题样式 */
        #editor {                  /* 编辑者及时间显示样式 */
            font-family: " 楷体 ", " 宋体 ";
            text-align: center;
            padding: 10px 0;
```

```
                }
        #note {                            /* 公告内容显示样式 */
                width: 700px;
                text-indent: 2em;
                line-height: 1.5;
                margin: 0 auto;
                padding: 10px 0;
        }
    </style>
</head>
<body>
    <?php
    include "conn.php";
    if (!isset($_GET["notice_id"]))  //判断是否有传递notice_id参数
        header("location:notice.php");
    $notice_id = $_GET["notice_id"];
    $sql = "select * from noticedata where notice_id='$notice_id'";
                                    //按notice_id值进行查询
    $res = mysqli_query($conn, $sql);
    $row = mysqli_fetch_assoc($res);
    ?>
    <div id="d0">
        <div id="top">
            <div id="topleft">
                <h1>公告发布系统</h1>
            </div>
        </div>
        <div id="content">
            <p id="content_head">当前位置：<a href="notice.php">
首页</a>->公告显示</p>
            <h3 align="center"><?php echo $row["notice_title"];
?></h3>
            <p id="editor">发布者：<?php echo $row["notice_
editor"]; ?> 
                时间：<?php echo $row["notice_date"]; ?></p>
            <div id="note"><?php echo $row["notice_content"];
?></div>
        </div>
        <?php include_once("footer.php"); ?>
```

```
    </div>
</body>
</html>
```

上述代码中，为设置公告显示的相关样式，采用了 CSS 内嵌样式进行了页面设置。因为该页需要指定显示某条公告，因此必须要有 notice_id 参数值方可，若无此参数，代码中进行了 header 跳转处理，强制跳回至 notice.php 页。

任务 8.8　后台公告管理页面设计

系统管理页面对于公告发布系统来说至关重要，管理员可以通过这些页面添加、修改或者删除公告的内容，使网站的信息能随时保持更新。

8.8.1　管理员登录页面

因为管理页面不允许普通浏览者进入，所以必须有权限管理。可以利用登录账号与密码来判断是否有权力进入此页面。输入账号密码正确，再通过验证码检验后，跳转至公告管理主页面 notice_admin.php。

创建管理员登录页 notice_login.php，代码如下：

```
<!doctype html>
<html>
<head>
<meta charset="gb2312">
<title>公告显示</title>
<link href="style.css" type="text/css" rel="stylesheet">
</head>
<body>
<div id="d0">
  <div id="top">
   <div id="topleft"><h1>公告发布系统</h1></div>
  </div>
  <div id="content">
   <form  method="post">
     <p> </p>
     <table id="t_edit" width="500">
       <tr>
```

```
        <th colspan="2" id="t_caption">登录管理页面</th>
      </tr>
      <tr>
        <td width="200">管理员账号：</td>
        <td><input type="text" name="username"/></td>
      </tr>
      <tr>
        <td>管理员密码：</td>
        <td><input type="password" name="password"/></td>
      </tr>
        <tr>
        <td>验证码：</td>
        <td><input type="text" name="yzm"  size=6/>
         <img src="yzm.php" onclick="this.src='yzm.php?+Math.
random()'">
        </td>
      </tr>
    </table>
      <p align="center" class="p_button">
        <input type="submit" name="button" class="btn" value="登录"/>
  
        <input type="reset" value=" 重置 "  class="btn"/>
      </p>
    </form>
   </div>
   <?php include_once("footer.php");?>
</div>
<?php
include "conn.php";
if(isset($_POST["button"]))
{
    $username=$_POST["username"];
    $password=$_POST["password"];
    if($username==""||$password=="")    /* 判断是否输入账号和密码 */
        {echo "<script>alert(' 账号或密码不可以为空 ');</script>";
exit;}
    $sql="select * from admins where username='$username' and
password='$password'";
    $res=mysqli_query($conn,$sql);
```

```
$row=mysqli_fetch_row($res);
if($row[0]==NULL)                          /* 判断账号和密码是否正确 */
  echo "<script>alert('登录错误');</script>";
else
  { session_start();
  $yzmok=$_SESSION["checkcode"]; /* 获取正确验证码 */
  $yzm=$_POST["yzm"];
    if(strcasecmp($yzmok,$yzm)==0)
    {
     $_SESSION["username"]=$username;
    echo "<script>alert('登录成功');location.href='notice_
admin.php';</script>";
    }
    else
    echo "<script>alert('验证码错误');</script>";
  }
}
?>
</body>
</html>
```

上述代码中，首先检测账号和密码是否输入，若有一项未输入，则提示"账号或密码不可以为空"。若均有输入，根据输入的账号和密码信息到用户信息表 admins 表中查询，若信息错误，给出"登录错误"的信息提示。若信息正确，接着进行验证码检验。此处使用单元 4 中的验证码生成程序 yzm.php 产生验证码。

8.8.2 公告管理主页面

公告管理主页面是在系统管理员成功登录后转向的页面，管理员可以使用此页面进行添加、修改、删除公告的操作。公告管理主页面 notice_admin.php 的制作与 notice.php 大致相同，不同的是其中加入能跳转到编辑页面的"修改"和"删除"链接。另外，为了方便进行功能切换，在页面的 content 部分进行了 div 左右布局。左侧设计了一个切换菜单，右侧则用来显示公告信息。

创建公告管理主页面 notice_admin.php，代码如下：

```
<?php
session_start();
if (!isset($_SESSION["username"]))
    header("location:notice_login.php");
?>
```

```html
<!doctype html>
<html>

<head>
    <meta charset="gb2312">
    <title> 公告管理 </title>
    <link href="style.css" type="text/css" rel="stylesheet">
    <style>
        #t1 th {
            background: #eee;
        }
        .edit a {
            color: #090;
            font-weight: bold;
        }
        .edit a:hover {
            color: #F90;
        }
    </style>
</head>
<body>
    <div id="d0">
        <div id="top">
            <div id="topleft">
                <h1> 公告管理系统 </h1>
            </div>
            <div id="topright"><a href="notice_admins.php"></a></div>
        </div>
        <div id="content">
                <!-- 生成左侧菜单 -->
        <div class="left">
            <ul class="menu">
            <!-- 类 cur 设置当前所在菜单项样式 -->
                    <li class="cur"><a href="notice_admin.php">
公告管理 </a></li>
                    <li><a href="notice_add.php"> 公告添加 </a>
                    <li><a href="quit.php">安全退出 </a></li> <!-- 删
除 session 信息 -->
                </ul>
```

```
        </div>
        <div class="right">
            <br>
            <table id="t1" width="700" border=1 cellspacing=0>
                <tr>
                    <th> 标题 </th>
                    <th> 公告日期 </th>
                    <th> 发布者 </th>
                    <th> 操作 </th>
                </tr>
                <?php
                include "conn.php";
                $sql = "select * from noticedata";
                $res = mysqli_query($conn, $sql);
                $sql1 = "select count(*) from noticedata";
                $pagesize = 5;
                $res1 = mysqli_query($conn, $sql1);
                $row1 = mysqli_fetch_row($res1);
                $pagetotal = ceil($row1[0]/$pagesize);
                                                        //向上取整
                $pageid = isset($_GET["pageid"]) ? $_GET
["pageid"] : 1;

                $sql = "select * from noticedata order by notice_
date desc limit " . ($pageid - 1) * $pagesize . "," . $pagesize;
                $res = mysqli_query($conn, $sql);
                while ($row = mysqli_fetch_assoc($res)) {
                    $id = $row["notice_id"];
                    $title = $row["notice_title"];
                    $type = $row["notice_type"];
                    $date = $row["notice_date"];
                    $editor = $row["notice_editor"];
                    echo "<tr><td><span class='notice_type'>
[$type]</span>$title</td>";
                    echo "<td width='130'>$date</td>";
                    echo "<td width='120'>$editor</td>";
                    echo "<td width='120'class='edit'>[<a href='
notice_upd.php?notice_id=$id'>修改 </a>][<a href='notice_del.php?
notice_id=$id'> 删除 </a>]</td></tr>";    /* 修改删除链接 */
                }
```

```
                    ?>
                </table>
                <?php
                if ($pagetotal > 1) {
                    echo "<p id='page'><a href='notice_admin.php'>
首页 </a> ";
                    echo "<a href='notice_admin.php?pageid=" . ($pageid
- 1) . "'>上一页 </a>";
                    if ($pageid <= $pagetotal) {
                        echo "<a href='notice_admin.php?pageid=" .
($pageid + 1) . "'>下一页 </a>";
                    }
                    echo "<a href='notice_admin.php?pageid=" .
$pagetotal . "'>尾页 </a></p>";
                }
                ?>
            </div>
        </div>
        <?php include_once("footer.php"); ?>
    </div>
</body>
</html>
```

上述代码，在显示表格中添加了一列，用于显示"修改""删除"链接，当单击它们时，要跳转到相应的处理页面，并携带 notice_id 作为参数。

在菜单中的"安全退出"链接用于跳转至 quit.php 文件，实现登录信息的删除，代码如下：

```
<?php
session_start();
                                        // 清空 session 信息
$_SESSION = array();
                                        // 清楚客户端 sessionid
if(isset($_COOKIE[session_name()]))
{
  setCookie(session_name(),'',time()-3600,'/');
}
                                        // 彻底销毁 session
session_destroy();
header('Location:notice.php');
?>
```

8.8.3　添加公告页面

添加公告的页面包含一个用于提供公告信息的表单，主要功能是将该页面的表单数据添加到网站的数据库中，产生一条新公告。添加成功后会链接到 notice_admin.php 管理页面。

创建添加公告页面 notice_add.php，代码如下：

```php
<?php
session_start();
if (!isset($_SESSION["username"]))  //判断 SESSION["username"] 是否
                                    存在, 防止非法访问
  header("location:notice_login.php"); //跳转至登录页
?>
<!doctype html>
<html>
<head>
  <meta charset="gb2312">
  <title>公告添加</title>
  <link href="style.css" type="text/css" rel="stylesheet">
</head>
<body>
  <div id="d0">
    <div id="top">
      <div id="topleft">
        <h1>公告管理系统</h1>
      </div>
      <div id="topright"><a href="notice_admins.php"></a></div>
    </div>
    <div id="content">
    <div class="left">
      <ul class="menu">
        <li><a href="notice_admin.php">公告管理</a></li>
        <li class="cur"><a href="notice_add.php">公告添加</a></li>
        <li><a href="quit.php">安全退出</a></li>
      </ul>
    </div>
    <div class="right">
      <br>
        <!--<p id="content_head">当前位置：<a href="notice_admin.
```

```
php">公告管理</a>->添加公告</p>-->
        <form method="post">
          <table id="t_edit" width="80%" border="0" align="center">
            <tr>
               <th colspan="2" align="center" id="t_caption">公告
添加</th>
            </tr>
            <tr>
              <td width="25%">公告标题：</td>
              <td width="75%">
                 <input type="text" name="notice_title" id="notice_
title" size=50/></td>
            </tr>
            <tr>
               <td>公告类别：</td>
               <td>
                 <select name="notice_type" id="notice_type">
                   <option>教学</option>
                   <option>学籍</option>
                   <option>大赛</option>
                 </select></td>
            </tr>
            <tr>
              <td>编 辑 者：</td>
              <td>
                 <input type="text" name="notice_editor" id="notice_
editor"/></td>
            </tr>
            <tr>
               <td valign="top" class="notice_content">内 容：</td>
               <td class="notice_content">
                  <textarea name="notice_content" cols="60" rows="8">
</textarea>
               </td>
            </tr>
          </table>
          <p align="center" class="p_button">
            <input type="submit" name="add" class="btn" value="
添加公告"/>  
```

```
            <input type="reset" class="btn" value=" 重置 "/>
        </p>
      </form>
      <p> </p>
    </div>
  </div>
  <?php include_once("footer.php"); ?>
</div>
<?php
include_once("conn.php");
date_default_timezone_set('PRC');
if (isset($_POST["add"])) {
  $notice_title = $_POST["notice_title"];
  $notice_type = $_POST["notice_type"];
  $notice_editor = $_POST["notice_editor"];
  $notice_content = $_POST["notice_content"];
  $notice_date = date('Y-m-d H:i:s');
  $sql = "insert into
noticedata(notice_title,notice_type,notice_editor,notice_content,
notice_date)
values('$notice_title','$notice_type','$notice_editor','$notice_
content','$notice_date')";
  $res=mysqli_query($conn, $sql);
  if ($res)                    //执行成功 $res 返回资源变量，否则返回 false
    echo "<script>alert(' 添加成功！');location.href='notice_admin.
php';</script>";
    else
    echo "<script>alert(' 添加失败！');</script>";
  }
  ?>
</body>
</html>
```

8.8.4　修改公告页面

修改公告页面的功能是将公告信息读取至页面表单，按需要进行修改，单击"更新"按钮进行信息更新，成功后将新的公告信息保存至网站数据库。

创建公告修改页面 notice_upd.php，代码如下：

```
<?php
```

```
include "conn.php";
session_start();
if (!isset($_SESSION["username"]))
    header("location:notice_login.php");
if (!isset($_GET['notice_id']))
  header("location:notice_admin.php");
$notice_id = $_GET["notice_id"];
$sql = "select * from noticedata where notice_id='$notice_id'";
$res = mysqli_query($conn, $sql);
$row = mysqli_fetch_assoc($res);
?>
<!doctype html>
<html>
<head>
  <meta charset="gb2312">
  <title> 公告编辑 </title>
  <link href="style.css" type="text/css" rel="stylesheet">
</head>

<body>
  <div id="d0">
    <div id="top">
      <div id="topleft">
        <h1> 公告管理系统 </h1>
      </div>
      <div id="topright"><a href="notice_admin.php"></a></div>
    </div>
    <div id="content">
      <div class="left">
        <ul class="menu">
          <li class="cur"><a href="notice_admin.php"> 公告管理 </a></li>
          <li><a href="notice_add.php"> 公告添加 </a></li>
          <li><a href="quit.php"> 安全退出 </a></li>
        </ul>
      </div>
      <div class="right">
        <br>
        <form method="post">
          <table id="t_edit" width="80%">
```

```
            <tr>
                <th colspan="2" id="t_caption"> 公告修改 </th>
            </tr>
            <tr>
                <td width="25%" align="right"> 公告标题 : </td>
                <td width="75%">
                    <input type="text" name="notice_title" id="notice_
title" value="<?php echo $row['notice_title']; ?>" size=50/></td>
            </tr>
            <tr>
                <td> 公告类别 : </td>
                <td><label for="select"></label>
                    <select name="notice_type" id="select">
                        <option <?php if ($row['notice_type'] == '考试')
echo 'selected'; ?>>教学 </option>
                        <option <?php if ($row['notice_type'] == '学籍')
echo 'selected'; ?>>学籍 </option>
                        <option <?php if ($row['notice_type'] == '大赛')
echo 'selected'; ?>> 大赛 </option>
                    </select></td>
            </tr>
            <tr>
                <td> 公告日期 : </td>
                <td><label for="notice_date"></label>
                    <input type="text" name="notice_date" id="
notice_date" value="<?php echo $row['notice_date']; ?>"/></td>
            </tr>
            <tr>
                <td> 编 辑 者 : </td>
                <td><label for="notice_editor"></label>
                    <input type="text" name="notice_editor" id="notice_
editor" value="<?php echo $row['notice_editor']; ?> "/></td>
            </tr>
            <tr>
                <td valign="top" class="notice_content"> 内 容 : </td>
                <td class="notice_content">
                    <p>
                        <textarea name="notice_content" cols="60" rows="
8"><?php echo $row["notice_content"]; ?></textarea>
```

```
            </p>
          </td>
        </tr>
      </table>

      <p align="center" class="p_button">
        <input type="submit" name="upd" class="btn" value=" 更
新 "/>  
        <input type="reset" class="btn" value=" 重置 "/>
        <input type="button" class="btn" onclick="location.
href='notice_admin.php'" value=" 取消 "/>
      </p>
    </form>
    <p> </p>
  </div>
  </div>
  <?php include_once("footer.php"); ?>
</div>
<?php
include_once("conn.php");
date_default_timezone_set('PRC');
if (isset($_POST["upd"])) {
  $notice_title = $_POST["notice_title"];
  $notice_type = $_POST["notice_type"];
  $notice_editor = $_POST["notice_editor"];
  $notice_content = $_POST["notice_content"];
  $notice_date = $_POST["notice_date"];
  $sql = "update noticedata set
notice_title='$notice_title',notice_type='$notice_type',notice_
editor='$notice_editor',notice_content='$notice_content',
notice_date='$notice_date' where notice_id='$notice_id'";
  $n = mysqli_query($conn, $sql);
  echo $sql;
  if ($n > 0)
    echo "<script>alert(' 更新成功 !');location.href='notice_admin.
php';</script>";
  else
    echo "<script>alert(' 更新失败 !');</script>";
}
```

```
    ?>
</body>
</html>
```

此网页的信息显示功能与 notice_show.php 类似，但需要将字段数据显示在相应的表单控件（如文件框）中，以实现修改。更改功能的实现则与 notice_add.php 页的处理相似，需要首先获取各表单控件的值，然后执行 update 操作实现对表数据的修改。

8.8.5　删除公告页面

删除公告页面的功能是将显示在表单中的当前公告信息从网站数据库中删除。

创建删除公告页面 notice_del.php，代码如下：

```php
?php
include "conn.php";
session_start();
if (!isset($_SESSION["username"]))
  header("location:notice_login.php");
if (!isset($_GET['notice_id']))
  header("location:notice_admin.php");
$notice_id = $_GET["notice_id"];
$sql = "select * from noticedata where notice_id='$notice_id'";
$res = mysqli_query($conn, $sql);
$row = mysqli_fetch_assoc($res);
?>
<!doctype html>
<html>
<head>
  <meta charset="gb2312">
  <title>公告删除</title>
  <link href="style.css" type="text/css" rel="stylesheet">
  <style>
    #t_edit td:nth-child(2) {
      font-family: " 楷体 ";
      font-size: 18px;
    }
  </style>
</head>
<body>
```

```html
<div id="d0">
  <div id="top">
    <div id="topleft">
      <h1> 公告管理系统 </h1>
    </div>
    <div id="topright"><a href="notice_admin.php"></a></div>
  </div>
  <div id="content">
    <div class="left">
      <ul class="menu">
        <li class="cur"><a href="notice_admin.php"> 公告管理 </a></li>
        <li><a href="notice_add.php"> 公告添加 </a></li>
        <li><a href="quit.php"> 安全退出 </a></li>
      </ul>
    </div>
    <div class="right">
      <br>
      <!--<p id="content_head"> 当前位置 : <a href="notice_admin.
php"> 公告管理 </a>-> 添加公告 </p>-->
      <form action="" method="post" enctype="multipart/form-
data" name="form1" id="form1">
        <table id="t_edit" width="80%">
          <tr>
            <th colspan="2" id="t_caption">** 您确认要删除以下公告
吗 ?**</th>
          </tr>
          <tr>
            <td width="25%"> 公告标题 : </td>
            <td width="75%">
              <?php echo $row["notice_title"]; ?></td>
          </tr>
          <tr>
            <td> 公告类别 : </td>
            <td><?php echo $row["notice_type"]; ?></td>
          </tr>
          <tr>
            <td> 公告日期 : </td>
            <td> <?php echo $row["notice_date"]; ?></td>
          </tr>
```

```
        <tr>
          <td>编辑者：</td>
          <td> <?php echo $row["notice_editor"]; ?></td>
        </tr>
        <tr>
          <td valign="top">内容：</td>
          <td>
            <?php echo $row["notice_content"]; ?>
          </td>
        </tr>
      </table>
      <p align="center" class="p_button">
        <input type="submit" class="btn" name="del" value="
删除"/>
          <input type="button" class="btn" onclick="location.href='
notice_admin.php'" value="取消"/>
        </p>
      </form>
      <p> </p>
    </div>
  </div>
  <?php include_once("footer.php"); ?>
  </div>
</body>
</html>
<?php
if (isset($_POST["del"])) {
  $sql = "delete from noticedata where notice_id='$notice_id'";
  $res= mysqli_query($conn, $sql);
  if ($res)
    echo "<script>alert('删除成功!');location.href='notice_admin.
php';</script>";
  else
    echo "<script>alert('删除失败!');</script>";
}
?>
```

　　在上述代码中，首先读取当前公告信息进行了页面显示，确认当前公告信息需要删除，则单击"删除"按钮，此时将调用 delete 语句从数据表中将该条公告信息删除。

参 考 文 献

［1］工业和信息化部教育与考试中心 . Web 前端开发（中级）［M］. 北京：电子工业出版社，2019.

［2］郑阿奇 . PHP 实用教程［M］. 3 版 . 北京：电子工业出版社，2019.

［3］钱兆楼，刘万辉 . PHP 动态网站开发实例教程［M］. 2 版 . 北京：高等教育出版社，2017.

［4］王海宾，丁莉 . PHP 程序设计基础教程［M］. 北京：电子工业出版社，2020.

［5］传智播客高教产品研发部 . PHP 程序设计高级教程［M］. 北京：中国铁道出版社，2015.

［6］刘丽，杨灵 . PHP 编程基础与案例开发［M］. 北京：北京理工大学出版社，2018.